培訓叢書 ㊴

團隊合作培訓遊戲（增訂四版）

任賢旺　編著

憲業企管顧問有限公司　　發行

《團隊合作培訓遊戲》 增訂四版

序 言

英國有句諺語：「If I tell you，you will forget；If I show to you，you will remember；If I do with you，you will sure remember。」

各種有趣的遊戲，本身就是一種管理培訓。培訓活動採用有趣的遊戲方式，或許有人會對它嗤之以鼻，認為是一種小孩子玩的東西，沒有什麼價值。

但是下列特點，使得培訓遊戲在管理培訓中佔有舉足輕重的地位：

· 遊戲帶來多樣性，多樣性是增添學習樂趣的調料
· 遊戲事業來互動，帶來培訓效率的提升
· 遊戲可以使我們找到創新的樂趣
· 遊戲可以幫助我們加快彼此的瞭解和溝通
· 用遊戲來突顯道理（或能力）愈能令學員有深刻的印象。

外科醫生為病人動手術並不是簡單地動刀就行了，而是執行一個團隊工程。在動手術以前，有一套完整的手術方案，這個方案規定了手術的每一個操作步驟和要點。在動手術的時候，所有參與手術的人組成一個非常高效的團隊。

當外科醫生進入手術室後，麻醉師首先為病人麻醉。麻醉完成後，外科醫生無須說話，一伸手，護士就把手術刀遞了過來。

外科醫生把病人需開刀的部位劃開以後，再一伸手，護士就把止血鉗遞過來。

接著外科醫生找到關鍵的部位開始做手術，再一伸手，護士把縫合針遞過來。交接時，護士將器械往外科醫生手裏重重地一按，動作快捷而有節拍。在整個手術過程中，次序井然，所有人都是全神貫注，堅決果斷，絕不會拖泥帶水，團隊配合得非常默契。

從外科醫生為病人動手術的規範程序中可以看出，外科醫生型的是最好的團隊模式。如果一個團隊能夠像外科醫生手術那樣進行有條不紊的管理，工作有重點，團隊配合默契、交接清楚，那麼團隊管理一定是高效的。

企業為改善員工的技巧、行為與動力，常會舉辦各種針對員工的培訓活動，如果再搭配本書的有趣培訓遊戲，培訓效果一定事半功倍。

這本《團隊合作培訓遊戲》第四版，是精心設計而成，專為提升團隊績效，收集了更多有關促進團隊績效的各類培訓遊戲，透過通俗易懂、互動性強的遊戲，激發了學員的團隊精神和創造力，再搭配各種吸引人的團隊合作小故事，更強化員工的培訓效果。

書內的遊戲具有娛樂性和學習性，內容豐富、形式多樣，能培養學員對團隊合作課程的濃厚興趣，全面促進團隊績效。

多年來，數以萬計的企業內部培訓活動，均採用此書內容遊戲，來加強培訓活動的績效，證明此書的有效性，書本的暢銷，也足以證明此書內容符合大眾需求，此書可作為企業培訓部門的必備圖書，改善培訓師授課技巧的案頭工具書。

2019 年 10 月

※進行團隊培訓遊戲的小提示

　　根據我們多年團隊建設遊戲的設計和指導經驗，獲得了不少重要的啟示。儘管提出的指導方針簡單得令人難以置信，但它們對於你的成功有至關重要的意義。我們極力建議你仔細研究這些普遍的原則並切實遵守它們。

1.仔細地挑選遊戲

　　這要求你仔細瞭解每組遊戲，瞭解它們的目標所在，這樣才能保證你在為你的團隊挑選一個或幾個遊戲前，對每個遊戲的意義以及要求非常熟悉。最終作出選擇時應當考慮到具體的遊戲是否適合你的團隊類型與特點，是否與團隊會議的目標相符，以及是否適合那些參加遊戲的人。

2.有明確目的

　　一些人只是隨便挑選遊戲而缺少對遊戲目的慎重地考慮和清楚地認識。簡單來說，他們缺少明確的目的——一個符合邏輯的出發點。結果是，他們中很多人應用這些遊戲僅僅是（同時也是不正確的）因為這些遊戲是現成的，可以毫不費力地借用，或者這些遊戲看起來很有趣。你必須在挑選遊戲以適應你的目的這方面做得非常好——然後向團隊成員傳達這個意圖。

3.有備用計劃

　　如果你相信墨菲法則（「如果一件事情有可能向壞的方向發展，那它一定會向壞的方向發展」），那麼，準備一個以上的遊戲應該是比較明智的。就像在「A計劃」行不通的時候採取「B計劃」那樣，

一個團隊領導者應當學會如何明智地準備一個備用計劃。千萬要記住，道具有可能壞掉，團隊成員有可能在你前幾週度假的時候已經玩過了你的遊戲，或者團隊對於某些類型的遊戲沒有反應。一定要準備一個可以替換的遊戲。

4.對遊戲進行預演

一個懷疑論者曾經建議人們不要相信任何人的承諾，即便是上帝的允諾，也是「直到它被寫下來你才能夠確信！」請注意這個極端保守的建議，採用遊戲的人不應當僅僅依賴於遊戲所提供的各種描述或某些人對遊戲的高度評價。比較理想的情況是，在遊戲有可能浪費團隊成員的時間和精力之前，你最好能找到一個合適的環境先試驗一下。關係比較密切的同事、工作人員中的志願者或是自己的家庭成員都是很好的評論家，發揮他們的作用。

5.儘量簡短和有選擇性

時間是至關重要的資源，任何組織都不能承受浪費時間的代價。書中的遊戲能夠在相對較短的時間裏被介紹清楚並進行完畢。同時，也提供了如何在遊戲很受歡迎的情況下，將討論延長和擴展的技巧。應當時刻牢記遊戲並不是團隊建設過程中的主要部份。它們只是幫助你達到目的和實現目標。不要拖延遊戲，也不要在一個會議上進行太多的遊戲。應當把遊戲僅僅當作是一頓大餐中的開胃小食或是甜點，而不是把它們當作主菜。遊戲只是達到一個較為重要的結果的手段，它們自身並不是結果。

6.不要只是為了娛樂而進行遊戲

表現優異的團隊總是希望更高效，並且能精明地運用他們的時間。不要把寶貴的會議時間浪費在僅僅為了娛樂而進行的遊戲上。

7.作好準備

在決定要進行一個遊戲後，應當作充分的準備。千萬不要在最後時刻才選定遊戲，一定要確定自己對遊戲已經非常熟悉，自己的目標已經界定的足夠清楚，並且在遊戲結束後聽取團隊的小結時要有明確的計劃，進而能清楚地解釋所提出的問題。

8.引導團隊討論

如果不能夠促成一次有效的團隊討論，那麼遊戲將僅僅是個遊戲。檢查一下遊戲所需的全部用品，預計一下可能得到結果與反應。不僅要準備遊戲提供的一些問題，同時也要另外準備一些問題，使遊戲的結果能結合到自己的團隊建設中去。要提醒成員注意討論遊戲結果的時間限制。要集中注意力於遊戲的意義與目的，而要儘量減少關於遊戲本身技巧方面的討論。儘量促成參與者得出各種有意義的結論，而不要過早地表達自己(團隊領導者)的觀點與結論。遊戲的進程應當快，並且在所有的主要論點都已明瞭的時候停止遊戲。

9.將轉變付諸於具體實踐

這些遊戲所提供的都是普遍意義上的東西，它們實際上都是很寬泛的，並不具體針對那個公司或那個行業。對於你來說，必須要將團隊的注意力由遊戲過程轉移到遊戲的含義以及意義上來。應當鼓勵參與者考慮這類問題：「我(我們)從遊戲中學到了什麼？用這些來解釋我們團隊的一些情況會怎樣？我們怎麼通過它來改善我們自己團隊的表現？」然後把成員提出來的一些重要觀點以及他們改善後的行動計劃記錄下來，分發給整個團隊，作為他們以後回顧和行動的參考。

※講師小技巧

一、讓大家安靜下來的好辦法

讓參加培訓的學員安靜下來是要講究藝術性的。這就需要避免使用一些例如「請留神聽講！」或者「請安靜下來好嗎？」等等刻板的語言。可以選擇一些約定俗成的方式來提醒注意：吹一聲哨，搖幾下過去學校用的上課鈴，利用一個計時器，甚至可以借用例如三角鐵、口琴或者竹笛等樂器。

用手勢代替語言也能收到同樣良好的效果。培訓師僅需用一個與軍人舉起三根手指的簡單軍禮來示意「大家安靜」相仿的手勢來引起大家的注意，然後自會有人把這個訊息傳播開來，讓大家形成一個思維定勢。這樣無論在做什麼事情，當一看到培訓師的手勢便會立即放下手中的事情，安靜地聽培訓師講話。

培訓師也可以用答錄機播放一些大家相當熟悉的優美曲子，吸引大家的注意。培訓師還可以製作三個有明顯區別的示意牌，當討論結果出來之後，培訓師就把示意牌放在醒目的地方作為提示。在每次休息或小組討論之後，立即給大家講一個拿手的幽默故事或小笑話。在講故事的時候，一定要把聲音壓得很低，讓全體學員都安靜下來的時候才能夠聽到！哈哈，這是不是個有效的辦法呢？

二、使成員儘快地融入集體

在規模較大的培訓或會議中，新來的人常常被冷落在一旁，難於結識其他人。已形成的小集團很難被打破，第一次參加培訓的學員會感到自己完全遊離於集體之外，不是這個集體的一分子。

破冰遊戲也是使成員迅速融為整個團隊的不錯方法。為了鼓勵參加培訓的人員對每一個人都儘快熟悉，可以先定某人充當神秘先生或神秘女士。在前幾次培訓開始之前或在培訓進行期間做下述遊戲，宣佈；「與神秘人物握手，他會給你 1 美元。」（或者「逢 10 個或 20 個，30 個，與神秘人物握手的人，可以獲得美元」等等。）如果方法運用得當的話，你的培訓課程就會使玩者感到有趣有效。它對於打破僵局，營造一種溫暖友好的氣氛極其有效。

三、使你的培訓與他們的期望目標一致

　　培訓開始時，把印有培訓目的和遊戲主題的說明材料發給大家，然後說明培訓的目的和日程，指出培訓的主要議題和次要議題。

　　請參加培訓的人員讀一下遊戲準備。在他們自己參加培訓的首要目的上打「√」或者畫「○」，這樣你就可以確保他們個人的目的與培訓的既定目標「協調」。（如果參加培訓的人員事先拿到了日程表的話，他們的目的一般都與會議既定目標基本吻合。）如果參加培訓的人員有未被遊戲準備提及的目的，那就請他們把自己的目的寫下來。

　　如果參加培訓的人員少於 15 個人，那就在他們確定了自己的目的之後，請每個人都陳述一下自己的目的，以及選擇這個目的的理由是什麼。

　　如果參加培訓的人員多於 15 個人，則把每個目的都讀一下，請他們舉手表決，看有多少人把這個目的作為首要目的。

　　然後，問一下全體培訓成員是否還有其他目的沒有提出來。如果有，請某位參加培訓的成員提出不在會議既定目標和內容之內的要求。在這種情況下，首先向他（們）表示感謝，然後委婉地說這一特別提議並不在培訓的既定目標和內容之內，如果你對這一特別議題有些經驗，可以主動提出在休息時間與他（們）就此問題進行討論。如果它

不屬於你的專業範圍，詢問一下參加培訓的人員，看看是否有人可以提供幫助，很可能會有一位同行愉快地響應你的這一號召。

四、大家放鬆一下

在參加培訓的人員結束了緊張的活動或討論後，或者被動地接受了一些專業的知識之後，給他們一個放鬆的機會，不失為一個讓你的培訓增加樂趣的好辦法。

選擇一個大家看起來特別無精打采的時候，給他們一種獨特的休息方式（不用咖啡，也不用休息室）。請所有培訓學員起立，在身邊留出足夠的空間，以免在自由揮動手臂時彼此碰撞。

對他們說，他們已經贏得了樂隊指揮的權力，將在隨後的時間裏指揮舉世聞名的費城交響樂團（Philadelphia Orchestra）。你還可以告訴他們，據說模仿指揮是放鬆情緒和鍛鍊身體（尤其是心血管系統）的絕佳方式。然後播放一段樂曲，請他們伴隨音樂進行指揮。

這個小竅門在你精心挑選了曲目的情況下最為有效。我們推薦那些所有人都耳熟能詳的曲目，這樣他們會知道下面的音樂是什麼。選取的音樂應該是節奏明快的，或在速度和音量上有變化的曲子，以刺激人們在指揮時的活力。

蘇澤（Sousa）進行曲或者施特勞斯（Strauss）的圓舞曲效果很好。

五、鼓勵大家參與遊戲

準備一些可以分發給大家當貨幣用的東西，如大富翁遊戲裏用的玩具鈔票，或者撲克籌碼（當然，事先要把紅、白、藍、黃各色籌碼所代表的價值確定下來）。

開列一份清單，把一些對參加培訓的學員而言有潛在價值的獎品分列到清單上面。其中可以包括公司咖啡廳的禮品，價值從免費咖啡

到免費午餐不等，或者是一個印有培訓師標誌的牛奶杯子，或者是一本與管理培訓有關的書籍，例如，萊比特‧比特爾和約翰‧紐斯特洛姆的著作《管理者必讀》，或者愛德華‧斯坎奈爾的著作《管理溝通》，或者還有一些富有創意和引起吸引力的獎勵辦法，例如與董事長在經理餐廳共進午餐，或者兩張免費音樂會門票，或者免費打一次高爾夫球。一定要有創意！

告訴參加培訓的學員，你希望他們積極參與，再告訴他們會有那些獎品。如果參加培訓的學員按照你的要求去做了，你就毫不吝嗇地將鈔票或撲克籌碼當場獎勵給他們。

然後，待這種遊戲模式建立起來了之後，你可以透過追加獎勵品或者為某種行為（如分析式反應與機械式反應）頒發團體獎（每人發幾美元）的辦法來進一步鼓勵大家踴躍發言。

會議結束時，給參加培訓的學員幾分鐘時間流覽一下他們的「所獲獎的清單」，「購買」他們想要的東西。

六、讓你的學員振作精神

幫助參加培訓的學員在午飯後振作精神，準備一些關於培訓議題的問題（一張卡片上寫一個短小的問題）。

把培訓室按照你最喜歡的方式佈置好，在每把椅子旁都留出足夠的空間。在遊戲開始前，把所有多餘的椅子都搬出去，另外再多搬出去一把椅子。然後，給參加培訓的學員描述一下遊戲規則，在你播放節奏明快的音樂時，讓他們繞著房間走動，20～30 秒之後，音樂停止。這時參加培訓的學員可開始爭搶椅子，然後給那個因為沒有搶到椅子而站在一旁的幸運兒一張卡片，請他回答已準備好的問題。

再搬走一把椅子，遊戲繼續。本遊戲可以隨時停止，只要參加培訓的學員一下子活躍起來了，無需在上面花太多的時間。

《團隊合作培訓遊戲》 增訂四版

目　錄

1　荒野求生/13

2　亞斯帝國之旅/24

3　完成特殊任務/32

4　生存訓練/37

5　集體穿越困境/45

6　逃亡遊戲/48

7　空中飛人的信賴/53

8　展開星球大戰/56

9　逃生牆/59

10　讓你瞭解別人/66

11　安全飛行器/68

12　要克服恐懼/71

13　穿越蜘蛛網/75

14　逛一次狄斯奈樂園/80

15　想像未來成果/85

16　團隊的超強執行力/87

17　團隊要集思廣益/89

18　找出團隊名稱/91

19　團隊問題在那裏/93

20　心目中的地圖/95

21　信任百分百/98

22　矇著眼走路/101

23　彼此背靠背/104

24　盲人信任步行/106

25　團隊站起來/109

26　呼拉圈漫步/111

27 尋找寶物／113

28 大家一起玩拼圖遊／116

29 「人猿」集中營／118

30 團隊力量解決問題／123

31 訓練你的領導力／126

32 大型積木遊戲／129

33 運送物品／132

34 團隊的智慧／135

35 衝破鬼門關／139

36 談判技巧／141

37 激發出你的潛能／144

38 最新的接力賽／147

39 互相信任／150

40 木頭的體積／153

41 美麗景觀創意／158

42 溝通能力遊戲／161

43 永不沉沒的小船／164

44 拓展訓練／167

45 導航塔／171

46 別具一格的啦啦隊／174

47 食人魚河／176

48 七巧板／179

49 甲殼蟲樂隊／182

50 團隊新名稱／186

51 心有千千結／189

52 完成蛛網模型／192

53 勇救兒童／195

54 渡過高空懸崖／198

55 造橋才能渡河／201

56 滑板隊／204

57 不要觸電／207

58 三隻小豬的故事／210

59 連環馬／213

60 尋找物品／217

61 比比誰高／220

62 搶渡金沙江／223

63 建設大橋／226

64 踏板運水接力／230

65 通力合作／234

66 叢林求生記／237

67 人型象棋比賽／242

68 如何保持平衡／245

69 擴大市場佔有率／248

70 人山人海／251

71 一個好漢三個幫／254

72 人椅／257

73 空方陣／260

74 危險的向後翻／265

75 6人踩輪胎／268

76 找到寶藏／271

77 水手接力賽/275

78 拿取杯子/278

79 翻帆布/281

80 踢足球比賽/284

81 沙灘排球/287

82 同舟共濟/290

83 作用力和反作用力/292

84 任務要如何分派/295

85 如何才能平衡/298

86 百花齊開/301

87 我的目標/304

88 傳遞牙籤/306

89 相互鞠躬/308

90 雙向交流的技巧/309

91 示範動作/312

92 最新的波浪遊戲/314

93 企業文化/316

94 客戶來了/317

95 團隊氣氛/320

96 扮演總裁/322

97 七個和尚分粥/325

98 團隊如何解決問題/328

99 晚點名/330

100 取得一致意見/333

101 瞭解每個人背景/336

102 團隊平衡遊戲/341

1 荒野求生

🌀 遊戲人數：

5～12 個參與者。可以在同一個房間裏同時指導幾個小組（較小的小組更可能獲得協同的結果，也就是 5～7 個參與者）。

🌀 遊戲時間： 大約 1.5 小時。

🌀 遊戲材料：

- 為每位參與者準備一張「荒野求生工作表」。
- 為每位參與者準備一張「荒野求生團隊簡報」。
- 為每位參與者準備一張「荒野求生答案表」。
- 為每位參與者準備一隻鉛筆。
- 新聞紙和標籤筆。

🌀 遊戲場地：

一個足夠大的房間，以供團隊全體成員開會。同時，房間裏要有幾個獨立的隔間，使各小組的工作不致相互影響。

🌀 活動方法：

⑴促動者簡要介紹活動，解釋活動的目的、要點和由來。

⑵促動者分發「荒野求生工作表」，參與者獨自填寫此表（大約 10 分鐘）。

⑶組成小組，並將「荒野求生團隊簡報」分發給所有參與者。

⑷參與者默讀完荒野求生團隊簡報之後，促動者簡要介紹它的內容。

⑸各小組分別進行他們尋求一致意見的任務（大約 30 分鐘）。

⑹當所有小組完成任務以後，團隊再次集合，讓各小組的全部成員都集中在一起。

⑺把所有小組的統計數據填寫在如下的表格裏，並將之張貼。

結　　果	小組 1	小組 2	小組 3
個人得分的分佈			
平均個人得分			
團隊一致意見的得分			

⑻各小組討論他們尋求一致意見的過程和結果，討論重點應放在那些提高或者阻礙生產率的行為上。

⑼將「荒野求生答案表」分發給每位參與者後，促動者宣佈（並張貼）「正確」的答案，每位參與者給自己的工作表打分。每個小組選出一位志願者給本小組的結果打分，並計算小組的個人平均得分。

⑽促動者主持一場關於整個團隊工作過程和結果的討論，此討論可能包括領導力、折衷方案、決策制定策略、心理氣氛、角色以及已掌握的技術的應用。

也可以做一些變動：

⑴排序表可以直接在培訓之前和培訓期間做出。例如，可以列出團隊所面臨的首要問題的清單，該清單可以由任意一位團隊成員排序，並將他們的回答記錄下來，作為答案。同時，在培訓過程中，參與者列出一張項目清單，產生排序表的內容。對所有的參與者進行調查，得出一組「正確」答案。

⑵鼓勵各小組就所列選項測試正式的投票程序：讓他們就給定的問題進行排序，評估他們對每一問題的同意率，在各選項之間分配分數，等等。

⑶「團隊對團隊」的設計可以用來提高尋求一致意見的參與程度。以兩個不同的任務進行兩個回合。

⑷促動者可以試驗不同的小組規模。將參與者隨機分配到各小組，在尋求一致意見階段對他們限制時間。讓他們在打分過程開始之前，評估他們對決策結果的滿意程度。跨小組比較平均滿意率，並將之與其他數據性的決策結果對比討論。

⑸作為一個跨小組的任務，同一份排序表可以由兩個不同的小組填寫。指導每個小組預測另一小組的排名。這兩個小組的真實排名和預測排名可以放在一起公佈。這種活動讓每個小組獲得了一個自己結果的「鏡像」，這會帶來更高效率的交流。

⑹讓參與者獨立就每個人在尋求一致意見活動中對所取得的結果施加的影響程度進行排名。對於一個人的排名，自己給出的排名和團隊給出的排名是不盡相同的，這樣，每個人就得到了一個基於這個差異的分數。由此，平均影響度排名和背離程度的分數也就聯繫起來了。

⑺也可採用連續的尋求一致意見練習，所以各小組要依靠他們在第一階段所學到的知識，也可為第二回合組成新的小組。一項任務可能有「正確」的答案，另一項任務可能沒有。小組可以為第二階段創造自己的方法。

附：荒野求生工作表

這裏是關於個人如何在荒野中求生的 12 個問題。你的第一個任務，是獨立在每個題目所給出的三個備選答案中選出一個最適合的。

盡量設想你處在題目所描繪的境地，假設你獨自一人，除了特定的物資以外，你還擁有最低限度的裝備。

當你獨立完成題目以後，你再作為你所在小組的一個成員重新做這些題目。你們小組的任務是就每個問題的最好選項達成一致意見。不要改變你的（獨立完成題目時的）個人答案，即使在小組討論時你改變了主意。隨後，將個人答案和小組答案與指導林地求生課程的一群博物學家們所提供的正確答案相比較。

情境描述	你的答案	你所在小組的答案
1. 你在一片無路可尋的森林裏掉隊了，你也沒有專門發信號的裝備。試圖聯絡你的朋友們的最好方法是： 　　a. 以較低的聲域大聲喊「救命」。 　　b. 盡可能地大叫或者尖叫。 　　c. 尖利、高聲地吹口哨。		
2. 你處在「蛇國」裏，避開蛇的最好動作是： 　　a. 用腳弄出很多雜訊。 　　b. 悄悄地走路。 　　c. 夜間行路。		
3. 你在荒野迷路了，腹中饑餓。辨別那種（你並不認識的）植物是可食的最好方法是： 　　a. 試試鳥吃的東西。 　　b. 不要吃長著鮮豔的紅果實的植物。 　　c. 將一丁點兒植物放在下唇上 5 分鐘，如果好 　　　像沒問題，再試一點兒。		
4. 天氣既乾燥又炎熱，你有滿滿一壺水（大約一公		

升）。你應該：
 	
  a. 定量分配——大約一天飲用一杯。
 	
  b. 不喝。直到你停下來過夜，然後就需要多少
     喝多少。
 	
  c. 當你需要的時候就喝，需要多少就喝多少。		

5. 水喝完了，你很口渴。最後你來到了一處乾涸的
河道，發現水的最好機會是：
 	
  a. 在河床裏隨便找個地方挖下去。
 	
  b. 在河岸邊挖草和樹的根。
 	
  c. 在河道彎曲處的外側挖河床。		

6. 你決定沿著一個有水源的峽谷步行走出荒野。夜
晚快來臨了，最佳的宿營地點是：
 	
  a. 在峽谷裏靠近水源的地方。
 	
  b. 在山脊的高處。
 	
  c. 在山坡的中間。		

7. 你去離宿營地並不很遠的地方尋找食物,當準備
返回時，你發現手電筒燈光很黯淡。在森林裏，黑
夜很快就降臨了，你好像也不熟悉週圍的環境，你
應該：
 	
  a. 打開手電筒馬上往回走，希望手電筒的光能
     讓你找到路標。
 	
  b. 將手電筒電池放至腋窩下捂熱，再把它們裝
     回手電筒。
 	
  c. 打開手電筒幾秒鐘，盡力把景象記住，在黑
     暗中趕路，再重覆剛才的步驟。		

8. 一場早來的雪把你困在了小帳篷裏。小火爐在燃燒著，你在打盹，如果火焰變得怎樣就有危險？ 　　a. 黃色。 　　b. 藍色。 　　c. 紅色。		
9. 你必須徒步過一條河，水流很急，河中多大石，河水泛著白沫。仔細選好渡河點以後，你應該： 　　a. 穿好鞋子，打好背包。 　　b. 脫下鞋子，卸下背包。 　　c. 卸下背包，穿好鞋子。		
10. 當過齊腰深、水流很急的河流時，你應該面朝： 　　a. 上游。 　　b. 橫對河水流向。 　　c. 下游。		
11. 你處於懸崖上，只能向上爬，腳下是佈滿青苔的光滑岩石，你應該： 　　a. 赤腳。 　　b. 穿著鞋子。 　　c. 僅穿著襪子。		
12. 你既未武裝也沒準備，突遇一隻在你宿營地週圍潛行的大熊。當大熊在離你 10 米左右的地方跳起來的時候，你應該： 　　a. 跑。 　　b. 爬到最近的一棵樹上。 　　c. 站住不動，但是準備好慢慢溜回去。		

附：荒野求生工作團隊簡報

在團隊中，所有的成員圍繞決策積極討論問題，就決策達成一致意見是解決問題和制定決策的一種方法。小組就這樣彙聚了所有成員的知識和經驗，任何最終決策都必須得到每一個小組成員的支援，並需要幾個人一起就一個共同問題展開討論，而不是各自分開討論。

由於小組的所有精力都集中在手頭的問題上（而不是為自己的觀點辯護），所以決策的品質往往得到了提高。事實上，研究表明，這種解決問題和決策制定的方法比實行其他的方法，如利用多數決定法（投票）、少數決定法（說服）、折衷法，可以明顯產生更高品質的決策。

在就決策達成一致意見的過程中，每個小組成員會被要求做以下事情：

1. 在小組開會之前，盡可能充分地準備好自己的看法（但是也要明白，任務並未完成，還需要小組其他成員的看法）。

2. 盡責地表達並充分地解釋自己的觀點，所以小組的成員都會從其他人的思考中獲益。

3. 盡責地聆聽所有其他小組成員的觀點和感受，並隨時準備在邏輯和理解的基礎上修正自己的觀點。

4. 避免那些減少衝突的方法，例如投票、折衷或者讓步以求和睦，觀點有差異是有好處的，在探究差異性的過程中，最好的行動過程也會逐漸明確。

你剛完成「荒野求生——尋求一致意見的任務」裏面的題目，得到了關於這些題目的個人解決方案，現在，你所在的小組將會就相同的困境進行討論匯總，制定小組解決方案。切記，就決策達成一致意見是很難的，並不是每個決策都會得到每個人的絕對支援。要花時間去聆聽並理解其他成員的意見，考慮所有成員的觀點，使其他成員明白你的觀點，進一步理解小組最終決策。

附：荒野求生答案表

以下是應對「荒野求生工作表」中列出的各種情況的行動建議，這些答案來自紐約州蒙羅郡公園管理處解說服務的森林求生綜合教程。根據經驗，這些反應被認為是應對大多數情況的最佳措施，當然，某些特定的情況可能要求其他的應對措施。

1.（a）以比較低的聲域大聲喊「救命」。聲域低的聲音傳得遠，特別是在密林裏，以比較低的音調大聲喊叫比較容易被聽到。「救命」是個好詞語，因為它會讓你的同伴警覺到你的危險處境。大叫或者尖叫不僅效果不好，而且可能會被你的朋友當作鳥的叫聲而被忽略。

2.（a）用腳弄出很多雜訊。蛇不喜歡人類，並且它們總是盡力避開你。除非你襲擊一條蛇或者將一條蛇逼至絕路，否則你可能看都看不到一條蛇，即使碰到蛇了，也不要去管它。一些蛇是在夜間覓食的，悄悄地走路也可能踩到蛇身上。

3.（c）將一丁點兒植物放在下唇上 5 分鐘，如果好像沒問題，再試一點兒。最好的方法當然是僅僅吃那些你認得出是安全的植物，但是當你沒有食物的時候，如果你不確定植物的安全性，就可以採用「唇試法」。如果植物是有毒的，你的嘴唇將會感到很不舒服。僅憑紅色的果實並不能判斷植物的可食性（當然了，除非你通過果實認出了這種植物）。鳥類的消化系統與人類的並不相同。

4.（c）當你需要的時候就喝，需要多少就喝多少。這裏最大的危險是缺水，缺水過程一旦開始，這一公升水解決不了什麼問題。節水或者定量分配沒什麼用，特別是如果你由於中暑或者缺水導致身體的某些部位失去知覺時。所以，想喝的時候就喝吧，並且要明白你現在急需盡快找到水源。

5.（c）在河道彎曲處的外側挖河床。這裏是河水或者溪水流得最快、最深的地方，不易被淤塞，同時也是最不易乾涸的地方。

6. (c)在山坡的中間。突來的暴雨可能會使峽谷裏的水暴漲成急流。這曾經發生在很多露營者和徒步旅行者身上，在他們有機會逃生之前，峽水就暴漲成急流了。從另一方面說，宿於山脊處增加了當暴風雨來臨時你受到雨、風、閃電傷害的風險。山坡則是最佳的宿營地點。

7. (b)將手電筒電池放至腋窩下捂熱，再把它們裝回手電筒。手電筒電池的電已經耗了很多了，這種電量低的電池在寒冷的天氣裏耗電更快。把電池捂熱，尤其是在它們的電量已經很低的情況下，將會暫時恢復電量。通常情況下，你應該避免夜間行路，除非你在開闊的野地裏，你可以靠星星指引方向。太多的障礙物（樹木、枝杈、崎嶇的路面等）可能會傷害你——摔斷腿、弄傷眼睛或者扭傷手腕將會使你處境更加困難。太陽一落山，森林地區很快就天黑了，你最好呆在宿營地。

8. (a)黃色。黃色的火焰表明燃燒是不充分的，還會有極大的可能性產生一氧化碳。每年都會有很多宿營者在帳篷、船艙或者其他封閉場所睡覺或者打盹時死於一氧化碳中毒。

9. (a)穿好鞋子，打好背包。過河時的錯誤是很多致命事故的主要原因。河裏的石塊很尖利或者立足點不平穩，所以你應該穿著鞋子。如果你的背包紮得很平衡，背上它會有助於你在湍急的河水中保持穩定。防水的、帶有拉鏈的背包一般可以浮於水中，即便是正規的野營裝備也可浮於水中；如果你滑入深水處，背包就成了你的救生圈了。

10. (b)橫對河水流向。過河時在面對水的流向上所犯的錯誤是很多溺水事件的原因。面朝上游是最危險的，水流會向後推你，你會因背部失去平衡而翻倒。橫對河水流向時你身體的穩定性最好，目光望向對面河岸的開闊地帶。

11.　(c)穿著襪子。在陡峭的崖壁上，不穿鞋可以感覺到你腳踏的地方，在一定程度上你就可以挑路走了。穿著正規的旅行鞋腳底太滑了，而赤腳又會使你的腳完全失去保護。

12.　(c)站住不動，但是準備好慢慢溜回去。迅速地移動可能會更容易驚動熊。如果熊正在找你的食物吃，不要去管它，讓它吃完走了就是。否則就慢慢地朝著一個庇護處（大樹或突出於地面的大石頭等）後退。

團隊合作的小故事

天堂和地獄

有人和上帝討論天堂和地獄的問題。

上帝對他說：「來吧！我讓你看看什麼是地獄。」他們走進一個房間。一群人圍著一大鍋肉湯，但每個人看上去一臉餓相，瘦骨伶仃。他們每個人手腕上都鎖著一隻可以夠到鍋裏的湯勺，但湯勺的柄比他們的手臂還長，自己沒法把湯送進嘴裏，有肉湯卻喝不到。

「來吧！我再讓你看看天堂。」上帝把這個人領到另一個房間。這裏的一切和剛才那個房間沒什麼不同，一鍋湯、一群人、一樣鎖在手腕上的長柄湯勺，但大家卻快樂地歌唱著幸福。「為什麼？」這個人不解地問，「為什麼地獄的人喝不到肉湯，而天堂的人卻能喝到？」

上帝微笑著說：「很簡單，在這兒，他們都會餵別人。」

同樣的條件，同樣的設備，為什麼一些人把它變成了天堂而另一些人卻經營成了地獄？

關鍵就在於，你是選擇共同幸福還是獨霸利益。天堂和地獄的區別就是人們會互相餵著吃還是只懂得自己吃。

其實這就是現代職場的一個縮影：善於合作的員工能在職場當中獲得很好的發展，而不善於合作、沒有配合意識的員工則很難獲得這樣的發展。

天堂和地獄之間唯一的區別就是你是不是有善於和別人配合的職場習慣。從中我們可以獲得這樣一個啟示：要想和同事之間配合得更加默契，就必須具有合作的職場習慣。

和同事溝通合作，一直以來都是職場工作的一個好習慣，遺憾的是有很多人並沒有這個好習慣，所以一直以來他們都沒能獲得很好的成功。其實，和同事配合，受益的不僅僅是你的同事，而且還有你。要知道，只有懂得和別人配合，別人才會和你配合，這是一個相互的過程。

團隊合作的小故事

沒有溝通，就沒有團隊

有一個人開車到加油站想要加油，他停在全套服務區，三個工人快速地上來迎接他。第一位為他洗窗，第二位為他檢查機油，第三位幫他量輪胎氣壓。

他們很快地完成了這些工作，收了 10 元油錢後，這個客人就把車開走了。三分鐘後，他又開回來了，這三個人又衝出來迎接他。

這個人說：「很不好意思，我想知道有沒有人為我的車加油

了呢？」三人面面相覷，原來匆忙間，大家都忘了幫他加油。

團隊成員只有加強溝通與協調，明確團隊的主要任務和目標，才可能在集體行動中抓住重點，提高效率。

一個團隊在統一行動中不可盲目隨意，不分主次，而是要分清事情的輕重緩急和先後順序，這樣才不會使行動顧此失彼、捨本逐末。

2 亞斯帝國之旅

遊戲簡介：消除盡可能多的核武器。

遊戲主旨：培訓學員如何應用資訊來解決問題。

遊戲時間：3 小時。

這個遊戲通常需要半天才能完成。這是時間最長，內容最豐富的遊戲。正是較長的操作時間和詳實的內容使遊戲的挑戰性達到了一個更高的程度。

遊戲材料（以團隊為單位）：
· 自製的 1000 元美金（匯率：1 美元＝2 元當地貨幣）；
· 7 輛玩具車或 7 塊代替車輛的木塊；
· 40 張卡片，每張卡片代表一桶汽油（25 元當地貨幣）；
· 30 張另種規格的卡片，每張代表團隊一天用的食品；

- 一塊大白板，上面有地區的分佈圖；
- 紙、鉛筆和螢光筆；
- 3 個骰子；
- 若在室外做此遊戲，準備 35 個三種不同顏色的繩圈作為地區；

確保做好每天代表每個團隊消耗的汽油和食品的卡片或現金的回收工作。

i **活動方法：**

將遊戲的內容和規則寫在卡片上。除了「培訓師須知」之外，其他卡片都發給團隊成員，以便他們研究細節。這個遊戲既可以在室內做也可以在室外做：在室內要借助一塊大白板，在室外則要用繩子界定每個區域。

通過這個遊戲，團隊可以拓展獨立工作與相互協作的能力。具體表現在以下幾個方面：

- 處理、分析與優化資訊。
- 根據可獲得的資訊對處境進行評價。
- 制定一個一致的、能實現團隊目標的戰略。
- 合理安排資源並制定計劃以實現團隊的目標。
- 執行計劃並在執行過程中做出必要的調整。
- 處理小型團隊在解決問題和決策過程中經常出現的問題。
- 正確面對人為不可控制的模糊性和挫折。

你被要求帶領你的團隊到達亞斯帝國，此地在一個新成立的共和國摩塔沃境內。這個新成立的共和國擁有核武器。你們的使命就是要與這個臨時政府的新領導人取得聯繫，並進而讓他們作出承諾削減核武器以換取本國的幫助。由於新共和國的政局混亂，你們的護照只有 24 天的有效期。護照的日期是臨時政府決定的，因此很難得到延長

的機會。

你們在亞斯帝國的日子裏，團隊中的專家每天可以拆除 2 件核武器。摩塔沃擁有的核武器數量仍然是一個國家機密。你們看到的最新報告是他們擁有 10～22 件核武器，有謠傳中東地區有興趣購買這些核武器。

因為目前形勢不安定，所以亞斯帝國的機場是關閉的。惟一的入境口在鄰近的波斯丹，而出境口則在咯蘭特斯丹。在波斯丹你們必須獲得給養、汽油和汽車，然後選擇一條路線抵達亞斯帝國。因為局勢不穩定，所以很難預先確定最佳路線。

你們有一台精良的無線電收發兩用機，可以通過電傳與大使館取得聯繫。一旦進入摩塔沃，再要獲取給養或汽油是非常困難的，除非在亞斯帝國及其郊區。因為資源短缺，你們在波斯丹之外要想獲取給養必須花兩倍的價錢。

本次遠征，你們有 1000 美元的活動經費。

你們的開銷是食品、汽車和汽油費。

當地貨幣與美元的兌換率是 2：1。

團隊一天的食品開支是 15 元（當地貨幣）。

到達一個新的地區需要一桶價值 X 元（當地貨幣）的汽油，同時需要一天的時間。你們最多能帶足夠 20 天用的汽油；每輛汽車都必須攜帶汽油。

每輛汽車的價格是 2000 元（當地貨幣）。每輛車可裝載 5 個人和他們的工具。你們可以在波斯丹購買汽車，但選擇的餘地是很小的。一旦越過了邊界，是很難買到汽車的，即使出高價也無濟於事。

不需要住宿費，因為你們將露營或住在當地政府提供的公寓內。

影響你們進出亞斯帝國的條件有三個：內戰、騷亂和罷工。如果一個地區的形勢比較穩定，你們的行程則不會受到影響。這些條件將

隨時間與地點的變化而變化。當然，你們非常希望選擇的旅行路線是安全穩定的，從而行程不會被延遲。

騷亂僅僅可能發生在農村。你們可以在城區內買到你們想要的食品、汽油和汽車，但是，與在波斯丹購物相比，你們必須支付兩倍的價錢。

在你們到達一個新的地區後，將通過一份秘密情報瞭解該地區的形勢。在首都亞斯帝國的時候，有可能會因為罷工而影響你們的工作——當然，情況也不盡然如此。

大約有 35 個地區分佈在一幅三角形狀的地圖上：

城區用藍色圓圈或「U」表示。它們在國家的內地。

農村用紅色圓圈或「R」表示。大部份農村地區位於邊界與國家中心之間。

荒野地帶用綠色或「W」表示。它們主要分佈在邊界地帶。

首都在三角形的頂點。入境口與出境口在三角形的另兩端。

團隊必須從入境口驅車前往用小旗標明的圓圈——首都亞斯帝國，在那裏完成任務，然後在 24 天內由出境口返回。一天相當於 3～5 分鐘。在首都的日子折算的時間更短一些。

如果在你們到達的地區有戰爭發生，就會損壞你們的一輛汽

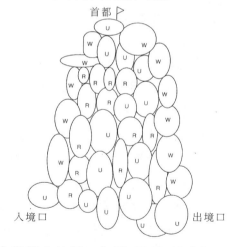

車。如果你們的護衛隊能夠將所有人都帶上的話，你們可以把壞車扔掉繼續前進；否則，你們就必須用兩天的時間將壞車修好。在這兩天中，你們要消耗食品但不消耗汽油。

　　如果遇到騷亂，你們也將被延遲兩天以及消耗兩天的食品和汽油。作為避免圍困而延遲時間的交換條件，你們可以送一輛車給當地政府，請他們將你們護送出這個地區。

　　如果遇到罷工，你們就要被迫停止兩天的工作直到罷工結束。如果你們不想停止工作，就必須將團隊三天用的食品給當地政府，作為尋求保障繼續工作的交換條件。

　　可以用錢在當地政府那裏購買到你們所需的食品、汽車和汽油，但必須支付在波斯丹購買這些物品的兩倍價錢。

　　在計劃階段，團隊必須用給定的經費購買足夠的必需品，並設計好行進的路線。

　　一旦旅行開始，你們有幾分鐘的時間從一個地區到另一個地區，也可改變路線，但移動到一個鄰近地區會花費你們一天的時間。

　　在團隊到達一個新的地區（圓圈）後，會收到一份秘密情報通知你們當天當地的形勢。如果遇到戰爭、騷亂或罷工培訓師，將會收走一定數量的代表食品和汽油的錢或卡片。在經歷了一天的平靜之後，常常會出現連續兩天的麻煩（戰爭、騷亂或罷工）。

　　秘密情報內容通過搖骰子決定：在荒野地，用三粒骰子；在農村，用兩粒骰子；在城區，用一粒骰子。

　　骰子表示的意義：全部偶數表示平靜；全部奇數表示戰爭；一個奇數和一個偶數表示騷亂；一個奇數和兩個偶數表示罷工；兩個奇數和一個偶數也表示平靜。

　　為了使遊戲更加真實，提前設計好幾個角色讓隊員扮演。下面列出了一些可以考慮安排的角色。除此之外，還可以靈活地增加一些角色，如，「抱怨者」或「啦啦隊隊長」，這樣可以使每個人都有更生動的遊戲經歷。

　　隊長：隊長將指揮團隊完成任務。他/她既可以採取強硬的也可

以採取民主的領導風格，一切取決於環境而定。

　　副隊長：協助隊長開展工作。

　　參謀長：負責交通資訊、特別協定、秘密情報和路線計劃。

　　情報員：負責將情報內容及其對團隊的影響通知隊長。

　　總務長：負責購買和保管物品和裝備。

　　財務專員：負責記賬、計算匯率和向團隊通報每筆開支預算對團隊財政的影響。

培訓師須知：

　　團隊的真正目的是要在首都呆足夠長的時間以便拆除所有核武器，並在護照到期之前返回格蘭特斯丹。計劃、審慎的經費預算和一定的運氣，都是成功完成任務的關鍵因素。

　　團隊是完全有希望能夠在首都呆足夠長的時間將核武器拆除(只有 16 件核武器，每天可拆除 2 件)並安全返回。

　　要妥善處理團隊用完了所有必需品(生存需要的食品，旅行需要的汽油和汽車)的情況。在弄清楚發生的情況後(問題常常不是因為運氣引發的)，為了使團隊繼續把遊戲做下去，培訓師可以給團隊提供一些緊急情況下的補給品，即，由當地的同盟政府機構捐獻的資金、食品或汽車。

　　最好請一位培訓師做你的助手。他/她的工作是關注和記錄團隊提出的所有請求，並隨時做出處理。

　　離開入境口之後，團隊可能需要更多的資訊和物品。真誠地同他們進行談判。徵求團隊的意見，問他們願意用什麼交換條件以滿足他們的請求。如果以使館的名義與團隊進行溝通，就必須將交通資訊寫在紙上。當然團隊的請求不可能都得到滿足。想要延長護照是根本不可能的，因為新政府從本意上很不願意失去核武器。戰爭不會在首都發生，騷亂也不會因為拆除核武器而停止。

　　你可以在某個地方設置一個沃爾瑪百貨商店，以便為遊戲增添更多的色彩。沃爾瑪是當地的二手車、罐裝食品、外匯兌換和汽油的銷售商。當地交易的汽車數量是有限的，而汽油是根據車輛配給的。你的助手可以扮演沃爾瑪銷售員的角色，並在團隊前來購買物品時進行繪聲繪色的表演。記住：所有交易都用現金結算！

 遊戲討論：

　　團隊完成指定任務的辦法是什麼（生存或前進）？

　　團隊是否避免了陷入僵局，是如何避免的？

　　各個規定的角色是否出色地完成了任務？

　　什麼樣的建議被提出並加以討論？

　　是否團隊的每個成員都明白計劃並至少表示同意支持這個計劃？

　　團隊是否召開了會議並使所有事情記錄在案？

　　團隊是如何對待挫折的？

　　在處理挫折和繼續前進的過程中，團隊做了那些調整或採取了那些行動？

團隊合作的小故事

土狼只盯一目標

　　草原上，一群小角馬正在嬉戲。

　　遠處有一群土狼，一動不動蹲在那兒靜靜地注視著一隻特別活潑的小角馬。當那隻小角馬跑累了停了下來，土狼們才突然衝過去。

草原上有成百上千隻角馬，但土狼們只追那一隻小角馬，它們認準了這一目標，好像仇人一般。

「就是它！」土狼們大聲叫嚷著衝過去。即使有的角馬比那隻小角馬還近些，它們也不改變目標，一追到底。

以小角馬平時的速度土狼絕對追不上，只怪它先前又蹦又跳消耗了太多體力，土狼們又窮追不捨。

小角馬終於體力不支，被土狼一擁而上咬死了。

團隊目標為團隊成員指明了奮鬥方向，使團隊成員有了凝聚在一起的力量，也是團隊成員創造良好績效的基礎和前提。

沒有目標的團隊，就好像汪洋中的一條船，不僅會迷失方向，還可能會觸礁，同時，團隊存在的價值和意義也會大打折扣。

團隊合作的小故事

猴子的互相配合取食

美國加利福尼亞大學的學者做了這樣一個實驗：把6隻猴子分別關在3間空房子裏，每間2隻，房子裏分別放著一定數量的食物，但放的位置高度不一樣。第一間房子的食物就放在地上，第二間房子的食物分別從易到難懸掛在不同高度的適當位置上，第三間房子的食物懸掛在房頂。數日後，他們發現第一間房子的猴子一死一傷，傷的缺了耳朵斷了腿，奄奄一息。第三間房子的猴子也死了。只有第二間房子的猴子活得好好的。

為什麼第一間房子和第三間房子的猴子最後非死即傷呢？究

其原因，第一間房子的兩隻猴子一進房間就看到了地上的食物，於是，為了爭奪唾手可得的食物而大動干戈，結果一死一傷。第三間房子的猴子雖做了努力，但因食物太高，難度過大，夠不著，被活活餓死了。只有第二間房子的兩隻猴子先是各自憑著自己的本能蹦跳取食，最後，隨著懸掛食物高度的增加，難度增大，兩隻猴子只有協作才能取得食物，於是，一隻猴子托起另一隻猴子跳起取食。這樣，每天都能取得夠吃的食物，很好的活了下來。

任何團隊成員，只有相互依存、相互合作，才能夠共渡難關。或許在某些方面我們有一些過人之處，但是僅僅憑藉這些過人之處我們是不是就能生存了呢？很難說，我們只有將這些優勢整合在一起，才能獲得生存。例如第二個房間的猴子，其中一個力氣大，另外一個手臂長，單憑其中任何一個，都不可能夠到食物，只有它們相互配合，才能獲得食物、獲得生存。

3 完成特殊任務

遊戲主旨：

讓團隊成員有機會對團隊合作進行討論，舉行一個生動的討論會，對計劃的先決條件、過程以及結果進行分析，將團隊的注意力集中到團隊成員如何通過合作來實現目標上。

遊戲材料：

· 每個成員一份指導材料。

・兩個咖啡罐，能填充其中一個罐子一半的爆米花。

・6～8 條 2 米長的繩子，一大塊塑膠布，一條 15 米長的繩子和一個自行車輪胎。

活動方法：

向團隊成員明確一個高效的團隊有那些特徵。告訴他們，一個高效的團隊不但關注要完成的任務，也關注完成任務的過程（就是指他們是怎樣一起實現目標的）。

給團隊創造一個開放的活動空間。

用繩子圍成一個直徑 2 米的圈子。

將材料分發給每個人，然後開始計時。

嚴格執行遊戲規則。

小提示：

選擇一個較大的罐子（綠色）用來盛放安全的東西；一個較小的罐子（紅色）用來盛放有毒的東西。團隊領導者應當注意：大多數團隊的做法是（經過討論與計劃之後），將自行車輪胎捲成一個較小的圈，在上面不同的地方綁上 3～5 條繩子，然後儘量拉伸這個圈，使它正好套住裝有有毒物品的罐子。大家通力協作，其中一個成員用繩索控制廢料的傾倒過程，同時其他的成員抓住另外一些繩索，把裝有有毒物品的罐子提起來，把它移到那個較大的罐子的上面。只要通過細緻的操作，他們就可以完成任務。罐子裏的東西也許會濺出去，但墊在罐子和繩圈底下的塑膠布能使清掃工作非常容易。

分發材料：

傾倒有毒廢料

背景：

　　一罐劇毒的爆米花在直徑大約 2 米的圓形範圍內造成了污染。如果不把有毒的爆米花轉移到一個安全的容器中對污染進行隔離，爆米花造成的污染將會使整個城市的居民死亡。據估計，爆米花在爆炸之前的安全時間是 30 分鐘。顯而易見，已經沒有足夠的時間去向主管部門報告並疏散城市的居民。因此，成千上萬的人的性命就掌握在你們手中。

　　在圓圈之內你們可以看到兩個罐子，一個（不安全的）罐子裝了半罐有毒爆米花，另一個（安全的）罐子則可以有效地隔離污染。

團隊目標：

　　必須找到一種安全的轉移方法，將有毒的爆米花從不安全的容器裏傾倒進安全的容器中，並且只能使用所提供的材料。每個組有一個自行車胎，每個成員有一條繩子（大約 2 米長）。

遊戲規則：

　　1. 不允許團隊成員身體的任何一部份進入劃定的圓圈之內。如果這樣做了，他們就要馬上被送到醫院裏去（離開遊戲），並且不能再參加接下去任何形式的活動。每個小組應對自己成員的安全負責。

　　2. 不允許任何團隊成員通過犧牲自己來幫助團隊完成傾倒爆米花的工作。

　　3. 不允許有爆米花濺出來，否則將會爆炸。

　　4. 每個小組的成員只能使用所提供的材料，但他們可以用任

何方法來使用這些材料。

5. 爆米花的毒性不會蔓延到那個安全的罐子、繩索、自行車內胎和指導遊戲進行的人身上。小組的每個成員進入那個虛構出來的直徑 2 米的圓圈內就會中毒。

6. 可以把那個安全的罐子移到圈子裏或圈子外的任何地方，而那個不安全的罐子必須一直放在圈子的中央，並且不能把它從那兒移開。

7. 切記，爆米花必須在 30 分鐘內轉移完畢，否則將發生巨大的災難。

遊戲討論：

你的團隊是成功的嗎？通過什麼來衡量？

你的團隊所做的那些事情幫助團隊取得了成功？

你的團隊中的夥伴做的那些事情會產生問題？

從這個遊戲中你可以學到什麼？如何將它們應用到工作中去？

小 故 事

跳出厭倦的小水溝

一隻小青蛙厭倦了常年生活的小水溝——水溝的水越來越少，它已經沒有什麼食物了。小青蛙每天都不停地蹦，想要逃離這個地方。而它的同伴整日懶洋洋地蹲在渾濁的水窪裏，說：「現在不是還餓不死嗎？你著什麼急？」

終於有一天，小青蛙縱身一躍，跳進了旁邊的一個大河塘，那裏面有很多好吃的，它還可以在裏面自由遊弋。

　　小青蛙呱呱地呼喚自己的夥伴：「你快過來吧，這邊簡直是天堂！」但是它的同伴說：「我在這裏已經習慣了，我從小就生活在這裏，懶得動了！」

　　不久，水溝裏的水乾了，小青蛙的同伴活活餓死了。

　　只有敢於打破自己固有的圈子，才有可能改變自己的命運，才可能擁有更加廣闊的發展空間。那些死守習慣、不願脫離慣有軌跡的人永遠都是狹隘的，他們永遠不會有所突破。

團隊合作的小故事

將軍的幽默

　　一次，空軍俱樂部舉行宴會招待空戰英雄。一位年輕士兵在斟酒時不慎把酒灑在了將軍的禿頭上。頓時，士兵悚然，全場寂靜。

　　只見這位將軍輕輕拍了拍士兵的肩頭，說：「老弟，你認為這種方法治療脫髮管用嗎？」

　　話音剛落，全場立即爆發出響亮的笑聲。

　　對於不慎犯錯的下屬，管理者應該通過及時溝通表示自己的善意和理解，讓其放下包袱，輕裝上陣。

　　主管者要善用幽默的溝通方式，幫助下屬減輕心理壓力，從而更有效地進行溝通。

4 生存訓練

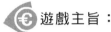 **遊戲主旨：**

本遊戲著重於團隊決策的效率。進行團隊決策，最後完成任務。

遊戲人數：集體參與遊戲

遊戲時間：30 分鐘

遊戲材料：情景描述卡（附件）

遊戲場地：不限

遊戲應用：

⑴激發人的想像力和邏輯思維能力
⑵培養學員的團隊互助精神

活動方法：

培訓者將情景描述（見附件）發給大家，然後告訴大家，現在我們的任務就是判斷出這 15 件物品的重要次序，以便利用這些物品逃出去。

10 分鐘以後，大家將自己的答案以及理由說出來，培訓者和大家將會對其進行評分。

附件：情景描述卡

10 月 5 日下午 2：30，我們乘坐的飛機墜毀在北極區的蘿拉湖東岸。飛行員在事故中喪生，但其餘人都倖免於難，我們每個人腰部以下都已濕透。事故後，飛機殘骸帶著飛行員的屍體很快沉入湖底。

飛機墜落前，飛行員無法與外界聯絡。但就在失事前，飛行員告訴我們目的地 Schefferville 在西南 22 英里，並且是最近的城鎮。Schefferville 是個產鐵礦砂的小鎮，在聖勞倫斯北部約 300 英里，哈得遜以東 450 英里，北極圈以南 800 英里，大西洋海岸以西 300 英里。交通工具只有飛機和火車，並且小鎮向外的所有公路只延伸了幾英里便結束了。我們必須於 10 月 19 日前到達 Schefferville，並通過鎮電台向交通部彙報失事情況。

失事地點所處區域的地面覆蓋有少量長青木，並分佈有滿是山石的光禿禿的小山峰，山與山之間是生長著灌木林的北極冰原。這個地區 25%的地面分佈著自西北向東南流向的狹長的湖面，不計其數的小溪和河流貫穿且連接著這些湖水。

表 1：失事地點溫度表

（F）	日溫度	日最高溫度	日最低溫度	最低溫度期望
10 月	30.3	35.8	24.8	0
11 月	15.6	22.4	9.3	−33.0
12 月	−0.3	7.5	−8.1	−42.0
1 月	−9.8	−1.5	−18.0	−53.0

儘管這個地區的氣溫有時也會高達 50F 或低到 0F，10 月份的氣溫通常在 25～36F 之間。3/4 的時間是多雲天氣，10 天中只有 1 天晴天。地面上覆蓋了 5～7 英寸的雪，由於風力的作用，實際的積雪深度隨地形不同而不同。西北風的風力平均為每小時 13～15 英里。

表 2：風寒指數——人體在以下溫度時結凍

溫度(F)	20	15	10	5	0	-5	-10	-15	-20	-25	-30	-40
風速(MPH)	43	26	18	14	13	9	7	6	5	4	3	2

在飛機墜毀前，你可以從飛機上搶救出以下物品：一個磁性指南針，一加侖槭糖漿，每人一個睡袋，一瓶可淨化水的藥片，一頂 20×20 英尺重量級帳篷，一盒裝有 13 根火柴的防水鐵罐，直徑 1/4 英寸、長 250 英尺的尼龍編結繩，一隻帶有 4 節電池的手電筒，3 雙雪靴，1/5 瓶朗姆酒，帶鏡子的安全刮鬍刀套裝，一個鬧鐘，一柄手斧，一個 14 英寸飛機輪胎的內胎，一本名為「北方星際」的指南。

表 3：平均降雪

10 月——平均降雪日 11 天：7.5 寸
11 月——平均降雪日 16 天：14.5 寸

註：℃=5×(F-32)/9；1km＝0.62 英里

附答案：生存訓練專家意見及理由

下面將對於上面的生存遊戲的專家意見及理由羅列如下，大家可以作為參照，看看自己的選擇與專家的選擇有什麼區別。

1. 放在密封鐵罐中的 13 根火柴

在專家看來這是最關鍵的。因為生火和取暖是生存下來需要解決的首要問題，而且夜間生起的火還能起到向進出 Schefferville 鎮的飛機發送信號的作用。

2.一柄手斧

要生火就必須有源源不斷的木柴供應，它可能是你們使用最頻繁的工具了，而且，它有助於開闢出合適的地方用來紮營。另外，當你碰到馴鹿或熊什麼的，你們也一定會用到它的。

3.一頂 20×20 英尺的重量級帳篷

13～15 英里/小時風速的大風將使你們不得不為自己提供保護，帳篷可以做到這一點。不僅如此，它還能防雨、雪或冰雹。除了有作為擋風牆和保暖的功能外，把它紮在合適的地方也有利於空中搜尋隊發現你們。

4.每人一隻防寒睡袋

想想你們可能要在這樣的環境中度過 14 個晚上，你們就知道這睡袋對生存來說有多重要了（可能面對零下 20 華氏度的嚴寒！）。注意，要使睡袋在任何時候保持乾燥。

5.一加侖楓糖漿

它可以在 2 個方面有利於你們生存下來。首先，楓糖漿可以用來迅速補充人的能量損耗；其次，裝楓糖漿的罐子可用於收集水，或用來烹煮食物。在這樣的環境下，任何可以食用的東西都是有價值的。在高寒地區，人的脫水是個嚴重問題，而且，在這種情況下雪是不能吃的。因為吃雪也許能解決口渴，但也會引起更嚴重的「體渴」。如果可能，寧可收集一些冰，把它融化開或乾脆煮開了食用。

6. 1/4 英寸×250 英尺尼龍編織繩

尼龍繩可用於將帳篷固定在樹樁上以建造掩體；尼龍繩上的單線可以用來製作釣魚的魚線；還可以用尼龍繩製作其他的工具。例如可以用它製作弓箭射獵野狼，製作陷阱吊起一頭熊，用它和野草編成捕魚的網等等。

7. 3 雙雪靴

要在高寒地帶行動，越過那些尚未冰凍的河流和湖泊，有賴於特殊的雪地旅行器械。至少說，它對在宿營地附近狩獵是極有用的。3雙雪靴顯然是不夠用的，然而以後我們可以用繩子和野草、樹枝等再紮上幾雙。記著，在雪地中（尤其是軟軟的雪地中）行走可是非常累人的事情。

8. 1 隻 14 英寸飛機輪胎的內胎

每人都要從這隻內胎上剪下一條來做一隻彈弓。在長長的冬季，這裏有大量的鳥，像麻雀、渡鴉、雷鳥等等，這些鳥可以輕易地被從彈弓射出的石頭打死。除了彈弓，橡膠做的內胎還可以用來製作其他彈性器械。此外，把剩下的內胎燒掉，冒起的濃濃黑煙很容易被空中搜索隊看到。

9. 帶鏡子的安全刮鬍刀套裝

太陽出來的時候，鏡子是我們相互之間溝通和與外界溝通最強有力的工具，這時候，一面簡單的鏡子可以聚集相當於 700 萬隻蠟燭光線的亮度。可惜的是飛機墜落的這段時期有 3/4 是陰天或多雲。此外，刮刀還可以用來切割某些東西。

10. 有 4 節電池的手電筒

手電筒可以作為應急光源使用，是對篝火的補充，而且在夜間它還是空中搜索隊和同伴發送信號的良好工具。可惜的是因為溫度太低，電池的效率和壽命都會受到影響。

11. 1/5 瓶朗姆酒

朗姆酒可以藥用，例如消毒和包紮，酒精還可以用來引火。用完後酒瓶子還可用來裝水。當然，它最大的價值或許在於每晚總結和討論第二天的行程計劃時喝上那麼一點兒，可以用於提高士氣。

12.一隻完好的鬧鐘

一隻鬧鐘可能有好幾種用途。首先，結合太陽所處方位，它可以用來指示方向。在不同的時間，太陽處在不同的方位；其次，完整的玻璃表面還可以通過反光給空中搜尋隊或同伴發出信號；最後，即使鬧鐘壞掉了，它的一些零件還可以派作別的用場。例如，指針做一隻魚鉤什麼的。

13.一個磁性指南針

磁性指南針在這個區域基本派不上什麼用場。因為這個區域接近北極（地球的一個磁極），磁性指南針往往會有很大的誤差。一位對此地帶非常熟悉的專家曾指出，在這個地帶如果你嚴格地按照指南針的指示走路，那麼保持正確方向的行走距離不會超過 100 碼。

14.一本《北方星際》旅行指南

這東西在引火時，或者娛樂時，亦或是上廁所時可能還用得著。過於信賴書中所言對我們的生存目標而言是很危險的。利用北斗星或北極星辨別方向的方法在這裏根本不可行。星星是這樣的高而且幾乎就在我們的頭頂上。這時候，你能確切地說出那邊是北嗎？

15.一瓶水淨化藥片

這地方的水比地球上任何地方的水都要新鮮和純淨。當然了，這瓶子或許可以用來幹點什麼，如果想得出來的話。一般說來，在這裏，池塘裏的水要比河裏的水安全那麼一丁點兒。

🛬 遊戲總結：

1. 遊戲的選擇沒有絕對的答案，每個人都有他自己的選擇，每一個選擇都有一定的道理。雖然每個人的選擇都有自己的道理，但是多個人的意見一定是比較保險的，所以會要求大家討論出一個比較優化的方案來。

2. 當我們遇到艱難情況的時候，不應該是互相拆台，相互責怪，而是一定要相信團隊的力量，加強團隊成員之間的互信互助，共同渡過難關。

3. 可以比較一下看看自己的選擇和專家的意見有什麼相同與不同的地方。

 遊戲討論：

‧ 什麼樣的選擇才是最優的選擇？

‧ 通過這個遊戲我們可以學到什麼？

團隊合作的小故事

馬不幫驢，終後悔

主人有一頭驢子和一匹馬。

有一天，它們一起去搬東西。由於主人愛惜自己的馬，就把大部份東西讓驢子馱著。

路上，驢子太累了，它請求同行的馬替它分擔點兒背上的東西，但是馬不肯幫忙。

不久，驢子因為勞累過度而死。主人便把驢子馱的東西全部搬到馬的背上，壓得馬喘不過氣來。

馬這才後悔起來，呻吟地說道：「我竟然做了這麼蠢的事，當初我要是幫助驢子分擔一些，現在也不至於落到如此地步啊。」

團隊之中不分彼此，幫助他人，也是在幫助自己；團隊成員應該互相幫助、同心協力，一起應對面臨的壓力。

> 壓力壓在一個人身上是重擔，壓在幾個人身上是負擔，而壓在所有團隊成員的身上就可能變成是一根稻草，管理者應該學會如何分解壓力。

團隊合作的小故事

綁成一捆的筷子

有一個農夫，他有 6 個兒子，可是他們一點都不團結，一天到晚總是鬧哄哄的，他雖試著用話語來開導他們，卻不見效。他想，用實例來說服兒子們或許能奏效。

於是，他把兒子們全叫了過來，囑咐他們在他面前放上一堆筷子。然後他把它們綁成一捆，告訴兒子們，一個接一個地拿起它，折斷它。他們全部試過了，可都折不斷。

然後，農夫又把這堆筷子解開，讓他們一人拿一根去折斷。這一回，他們輕而易舉就辦到了。

這時，農夫說道：「兒子們，只要你們保持團結，便能對付所有的敵人；但是爭吵和分散，就會使你們瓦解。這點道理都不懂的話，我就沒有什麼好說的了。」

團隊永遠大於個人，團隊作戰永遠用於單槍匹馬。

5 集體穿越困境

遊戲簡介：架橋，然後集體穿越峽谷。

遊戲主旨：培訓學員如何在壓力下解決問題。

遊戲時間：計劃、執行共 15～20 分鐘。

遊戲材料：
· 2 塊 2 英寸×6 英寸×10 英尺的木板；
· 1 塊 2 英寸×6 英寸×6 英尺的木板；
· 6 個水泥墩；
· 繩子或膠帶。

活動方法：
在一處充斥流沙、有毒廢棄物、酸性洩漏物，或諸如此類東西的混合物的地方，有六塊類似水泥墩的巨礫。這幾塊巨礫可以作為架橋用的基座。團隊的任務是架一座橋，然後穿越這個危險區域。團隊必須儘快完成穿越，因為不友善的土著人馬上就要出現。

佈局：
水泥墩的排放如圖所示。在這樣的佈置下長木板可以架設在最前面的兩個水泥墩上，但它們還差一兩英寸才能夠得著中間的水泥墩。訣竅是用兩塊長木板搭成一個「T」字形，這樣就可以使團隊到達中

間的水泥墩。隨身攜帶的短板可以在這裏發揮作用，這裏的兩塊水泥墩只有 3 英尺的間距。那麼接下來就可以把長木板斜搭在中間的水泥墩與邊界處的水泥墩上。架橋成功了！

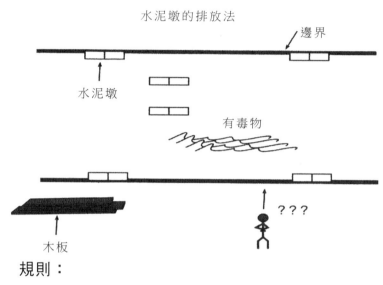

水泥墩的排放法

規則：

人一旦觸及地面會致盲、致殘，或受傷。

木板觸及地面將扣罰時間。例如，觸及有毒物（地面）的木板必須在「晾乾」幾分鐘後才能再次使用。

用於架橋的三塊木板都必須帶走（否則，不友善的土著人將會追趕上來）。

自從侏羅紀以來六塊巨礫就一直在那兒，因此它們是不可以移動的。

只能使用培訓師提供的器材。

安全：

注意監控穿越或者移動木板的學員。

提醒每個人，在抬板或放板到水泥墩上時要注意他們的手指以及

背部。

有的團隊需要用繩子幫助他們抬起木板才能避免過度的扭傷。估計一下團隊的能力，假如有必要的話就給他們一根繩子。

遊戲討論：

該遊戲不僅要有好的計劃，而且要有好的執行力，因為木板的調度對於成功完成任務是非常關鍵的。

團隊用什麼樣的程序得出可行性的方案？

在解決問題的過程中誰起到了領導作用？

他們是如何使別人信服他們的方法是可行的？

時間的壓力對團隊的影響如何？

團隊精神在那些方面得到了體現？

那些方面還應該加強？

 小 故 事

靠 自 己

小蝸牛問媽媽：「為什麼我們從生下來，就要背負這個又硬又重的殼呢？」

媽媽：「因為我們的身體沒有骨骼的支撐，只能爬，又爬不快。所以要這個殼的保護！」

小蝸牛：「毛蟲妹妹沒有骨頭，也爬不快，為什麼她卻不用背這個又硬又重的殼呢？」

媽媽：「因為毛蟲妹妹能變成蝴蝶，天空會保護她啊。」

小蝸牛「可是蚯蚓弟弟也沒骨頭爬不快，也不會變成蝴蝶，

他為什麼不背這個又硬又重的殼呢？」

媽媽：「因為蚯蚓弟弟會鑽土，大地會保護他啊。」

小蝸牛哭了起來：「我們好可憐，天空不保護，大地也不保護。」

蝸牛媽媽安慰他：「所以我們有殼啊！」

不要抱怨命運，要想成功。我們不靠天，不靠地，我們要靠自己。

6 逃亡遊戲

遊戲簡介：

在矇上眼睛的前提下，團隊要找到一根繩子，然後用其組成一個天線聯絡系統（正六邊型）。

遊戲主旨：培訓學員的計劃、溝通、作業決策能力。

遊戲時間：

大約 20 分鐘計劃，10 分鐘走路，20 分鐘搭建天線聯絡系統。可根據團隊的大小和他們的能力來調整時間。

遊戲材料：

‧ 一根 100 英尺長的繩子；

‧ 每人一個眼罩；

‧ 白板與白板筆（計劃時用）。

活動方法：

這個遊戲實際上是「盲人多邊形」和「異國他鄉」這兩個遊戲的綜合，因而也更具複雜性和挑戰性。

在海外旅行期間，團隊所到的那個國家突然發生了政變。機場關閉了，街上也充滿了不安全因素。

團隊被迫呆在郊外的一個破爛的旅館裏。幸運的是，國內的友人已安排了一次直升飛機的救援活動。

團隊只能在夜間離開旅館。兩個友好的土著人將帶他們去直升飛機的著陸區，其他的土著人都非常不友好，所以團隊在趕赴到著陸區的途中不可以講他們自己的語言。在離開旅館前，嚮導會教他們一些關鍵的方言辭彙（停、左轉、右轉、前進，等等）。嚮導將用這些辭彙引導團隊穿過夜幕達到著陸區。

在著陸區內，團隊必須找到一些可以加強野外天線功能的材料。在著陸區內講自己的語言是安全的，但仍舊是什麼也看不清楚。團隊必須使用找到的材料搭建一個應急衛星天線聯絡系統，以便可以指揮救援直升飛機降落到臨時著陸區。如果團隊沒有在規定的時間搭建好有效的天線聯絡系統，那麼他們就必須通過長途跋涉到達最近友鄰國家。注意，這個逃亡背景對有些團隊來說可能太囉嗦。背景的描述可以適當調整，甚至可以設計一個完全不同的背景。

步驟：

1. 選擇嚮導。

2. 在室內給團隊佈置任務。

3. 給嚮導佈置任務，並把路線告訴他們。

4. 團隊做計劃，同時，嚮導構思一種語言。

5. 嚮導教團隊特定的語言。

6. 嚮導帶領矇上眼睛的團隊學員去著陸區。

7. 團隊找到繩子，並將其組成一個天線聯絡系統。

細節：

邀請兩位擅長語言的志願者。

在團隊所在的「旅館」內佈置任務，再讓他們開始做計劃。

在遠離團隊的地方給嚮導佈置任務，然後帶著他們到室外看路線和放繩子的地方。他們應該將團隊帶到離繩子不遠的地方。路線不要太長，通常 10 分鐘的路程比較合適，再遠就可能超出培訓師的視線。確保嚮導懂得用仔細和安全的方式來引導團隊。

給團隊和嚮導足夠的時間去計劃，可以利用白板。嚮導也可以作為觀察者在團隊計劃和執行過程中進行觀察。

當團隊和嚮導準備就緒後，將嚮導介紹給團隊。要求嚮導使用一種團隊不熟悉的語言，只要幾個重要的辭彙就可以，如：停、慢、左、右、前進和小心。鼓勵嚮導在教團隊語言時表演得誇張一點。

當團隊學會了「方言」準備出發時，要先把眼罩戴上。在團隊前進過程中要對他們保持密切的監控。他們應該手拉手走成一條直線；當遇到障礙時，培訓師和嚮導更應加強安全監控。

要求嚮導把團隊帶到離繩子不遠的地方。繩子不要盤繞也不要打結。在著陸區內，嚮導不再幫助團隊，但要繼續做好安全保護工作。有些團隊會想到讓培訓師掌握時間。假如他們沒有這樣做，那麼時間到了就宣佈遊戲結束。假如團隊要求延長時間，就和他們作些討價還價。例如，延長 5 分鐘，但作為交換條件，團隊中三個最善言辭的人將失去說話的能力。

規則：

當學員離開旅館時應矇上眼睛。

在團隊前往著陸區的路上，除了「方言」，別的任何語言都不可以講，以免驚動不友善的土著人。在著陸區內，語言不受限制。

團隊必須找到搭建天線聯絡系統的材料。這些材料放在著陸區內。

天線/繩子必須充分伸展，每個人都必須接觸到它。

天線聯絡系統必須是一個正六邊形。

團隊到達著陸區後，嚮導變為觀察者，並要在團隊尋找繩子時做好安全保護工作。

為了安全起見，每個人都可以喊「停下來」。

 遊戲討論：

什麼是最可能導致失敗的關鍵因素，你們是如何處理的？

你們是否曾經也遇到過相同的處境，即，由於每個學員都不知道其他隊員正在做什麼，所以協作完成一個共同的任務是很困難的，你們做了那些必要的調整？

是否有學員被淘汰出決策圈，他們有何反應，而這又對團隊有何影響？

不知道自己的行動（或者其他人的行動）對完成後面的任務有何影響的處境與什麼情況相類似？

假如在著陸區內不同的團隊有不同的任務，他們怎樣才能知道其他人在做什麼，該如何協調大家的力量？

遊戲中應用了那種領導風格：命令型、諮詢型還是武斷型？

遊戲中採用的領導風格是成功的關鍵嗎？

團隊合作的小故事

目標不明確，才會抱怨

幾名工人正拿著鐵鍬費力地在地上挖著什麼。待挖完了一個深洞後，一名負責人讓工人從洞裏爬上來，自己下去檢查了一番。他上來後不滿意地搖了搖頭，又讓工人們在附近繼續挖。

如此進行了五六次以後，工人們終於忍不住了，向那個負責人抱怨道：「您究竟讓我們挖什麼呀？再這樣下去，我們可受不了了。」

負責人驚訝地說道：「別著急，我一直在找自來水管的破裂處呀。」

工人們聽了他的話後，真是有點哭笑不得：「原來如此，您何不一開始就告訴我們呢。」

一個優秀的管理團隊，必然會制定一個或者一系列合理的目標，並清晰地告知團隊成員，繼而落實到每一個員工的行為中去。

管理者在制定團隊目標時，應鼓勵團隊成員積極參與，認真聽取他們的意見。只有這樣，才能使目標得到他們的認同，並對他們產生有效激勵。

7 空中飛人的信賴

遊戲主旨：

本遊戲通過訓練，來培養大家對於他人的信賴，從而加大團隊的合作精神。

遊戲人數：10 人一組

遊戲時間：20 分鐘

遊戲場地：

空地，最好在柔軟的沙灘上，或者地上有墊子等防護措施

遊戲應用：

(1)團隊成員間相互信任程度的測評和訓練

(2)團隊合作精神和合作意識的培養

活動方法：

1. 首先讓全體成員站成面對面的兩排，排成像圖中所示的形狀。

2. 讓準備做空中飛人的隊員站在牆上，背對著隊友。

3. 當培訓者確認大家的位置都準確無誤，並且在下面的隊員都兩兩雙手交叉組成一個安全網，準備好接住上面的隊員以後，讓站在牆上的隊員從牆上落下。

4.這項活動難度很大，學員很容易產生抗拒心理，大家一定要一起開導鼓勵他，使他對下面的隊員產生信任，克服心理障礙。同樣，下面的隊員一定要保持十二分的警惕，防止發生危險。培訓者一定要經過專門的訓練，才能進行此項培訓。

附圖：

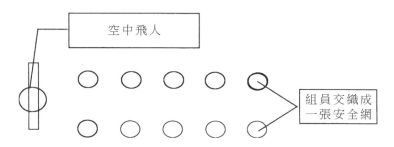

🛩 遊戲總結：

1.與隨波逐流的遊戲一樣，本遊戲的關鍵就在於下面的隊員要通過以語言為主的各種方式，讓上面的隊員充分地信任他們，讓他可以放心地將自己的安危置於別人手中。所以，在遊戲中，事先的溝通和團隊合作的精神是非常重要的。

2.由於本遊戲是一場危險性很大的活動，所以一定要在專業人士的指導下才能進行。在做遊戲的時候，可以適當地採取一些防護措施，例如在下面鋪上墊子之類的東西，或者給上面的人繫上保險帶等等。

♻ 遊戲討論：

1.當你站在牆上的時候，感覺如何？跨越了心理障礙，完成挑戰之後，你又是什麼樣的心情？

2.如果你在下面，你認為怎樣才能幫助上面的隊友克服心理障

礙，完成任務？遊戲成功的關鍵在什麼地方？

小　故　事

不要像小象那樣掙扎

　　小象出生在馬戲團中，它的父母也都是馬戲團中的老演員。

　　小象很淘氣，總想到處跑動。工作人員在它腿上拴上一條細鐵鏈，另一頭繫在鐵杆上。小象對這根鐵鏈很不習慣，它用力去掙，掙不脫，無奈的它只好在鐵鏈範圍內活動。過了幾天，小象又試著想掙脫鐵鏈，可是還沒成功，它只好悶悶不樂地老實下來。一次又一次，小象總也掙不脫這根鐵鏈。慢慢地，它不再去試了，它習慣鐵鏈了，再看看父母也是一樣嘛，好像本來就應該是這個樣子。

　　小象一天天長大了，以它此時的力氣，掙斷那根小鐵鏈簡直不費吹灰之力，可是它從來也沒想到這樣做。它認為那根鏈子對它來說，牢不可破。這個強烈的心理暗示早已深深地植入它的記憶中了。

　　一代又一代，馬戲團中的大象們就被一根有形的小鐵鏈和一根無形的大鐵鏈拴著，只在一個固定的小範圍中活動。

　　時勢不斷變化，當初做不到的事今天可能就會輕而易舉，當初能辦到的事今天可能就難以辦到了。無論如何，關鍵是心中不要存下一個一成不變的概念——讓好習慣堅持下去，讓壞習慣變成好習慣。

8 展開星球大戰

 **遊戲簡介**：將你的雙腳放在圓圈裏。

遊戲主旨：培訓學員要打破常規，學習解決問題。

遊戲時間：10 分鐘。

遊戲材料：

約 15 個繩圈，依團隊大小而定，其直徑約 1～3 英尺。

活動方法：

在地上設置一些大小不等的圓圈。告訴團隊，他們馬上要做一個解決問題型的遊戲。這個遊戲有三條規則：

1. 將你們的雙腳整個放在一個圓圈裏。

2. 當我說「變」時，如果可能的話，請轉移到另一個圓圈並將你的雙腳整個放在裏面。到目前為止，這些規則就夠了，必要的時候我會說出第三條規則。

當培訓師每次說完「變」時，從地上拾起一個或兩個圓圈。隨著圓圈數量的減少，學員們搶佔圓圈的速度就會加快。如果一個團隊是來自同一單位的，那麼他們將很快會就圓圈的數量問題與培訓師發生爭論。這時候培訓師就可以宣佈第三條規則。

3. 如果圓圈不夠，就不要移動或改換圓圈，同時也不要挑戰培訓

師。

當剩下最後一兩個圓圈時，學員們通常會爭著將自己的腳放到裏面去。當培訓師感覺時機到了，重覆規則並提示他們這是一個學習怎樣解決問題的遊戲。有人可能會突然開竅，他/她會坐到地上但把他/她的雙腳放在圓圈裏。於是，其他人爭相仿效，問題就解決了。這時，培訓師也可坐下，開始進行回顧。

 遊戲討論：

當你一聽到規則後，你做了怎樣的假設？

你們是不是無意識地制定了一些根本不存在的規則（有的隊員從一個圓圈蹦到另一個圓圈）？

這些假設是否限制了你們更多的想法？

在你提出更多的想法之前你必須做什麼，是不是有個看似很愚蠢的風險在裏面（任何改革創新都是有代價的）？

是否有人想過要求額外的時間用腦力激盪法來討論問題（很多的時候任務的壓力會迫使我們用習慣的方式來做事）？

是否每個人都按照自己的想法來解決問題，是否曾經努力依靠團隊來解決問題？

你的方法是源於自己的習慣還是有意識地選擇？

你是如何突然開竅的（只有兩個圓圈的時候，你就必須做點創新）？

你是否認為「變」是恒定的，在實際工作中你是否也經常要處理變化的問題？

實際工作中是否也有很多假設或者不成文的規定在限制你？

團隊合作的小故事

要把自己認清楚

　　當百獸之王獅子辛巴達還是個小獅子的時候，猴子傑克就和他是好朋友了。傑克聰明伶俐，這是大家都知道的事實。

　　辛巴達長大後，便從老獅王手裏接過了百獸之王的桂冠，開始統治森林。猴子傑克自然是他首選的得力幹將，成為重臣，幫助辛巴達處理日常公文。猴子傑克不禁洋洋得意起來，逢人就炫耀自己和獅王的關係，將別人都不放在眼裏，別的動物們都很不服氣。

　　有一天，獅王辛巴達夢見山的那面有一片美麗的草原，就問森林裏的動物們：「你們誰願意到山的那邊看一看有沒有美麗的草原？」熊將軍負責森林的治安，對週邊的地勢情況都非常瞭解，但一直都不服氣猴子的顯要位置，於是就對獅王說：「猴子傑克非常能幹，這件事非他莫屬。」獅王同意了。

　　這下，猴子傑克為難了，雖然他能坐到顯要的位置，但卻不擅長翻山越嶺，長途跋涉，但是礙於面子，只好硬著頭皮去了。可最終在他試圖要翻越一座山的時候，不小心掉下了懸崖。

　　團隊成員要認清自己在團隊中擔任的角色，擺正自己的位置。只有這樣，才能得到大家的認可和尊重，才能實現有效的團隊合作。

　　管理者要幫助團隊成員認清各自的角色，根據每個人的特點將其放到相應的工作崗位上去，這樣才能實現團隊內部的公平與公正。

9 逃生牆

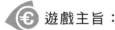 **遊戲主旨：**

本遊戲透過一種緊張絕望的環境設置，將學員的意志激發出來，完成看似不可能的任務。

本遊戲屬於危險度較高的遊戲，所以培訓師在全程中必須嚴格監控，按照安全守則處理。

這是一個體現團隊合作意義以及激發團隊榮譽感的遊戲。本遊戲經常作為壓軸培訓項目，所以也叫做畢業牆或者勝利牆。

遊戲人數：全體參與，但以不低於 10 人、不超過 30 人為宜。

遊戲時間：進行 40 分鐘，討論 40 分鐘。

遊戲材料：備用繩索或扁帶、裝學員隨身硬物的筐子。

遊戲場地：具備可以進行遊戲的堅固高牆的場地。

遊戲應用：

(1)團隊激勵和團隊決策。

(2)團隊合作和大局觀念的培養。

(3)資源統籌和利用。

活動方法：

1. 需要面高 4～4.5 米、寬 3～4 米的高牆作為活動場所；如果女性學員過多，可以稍微降低高度，但一般不低於 4 米。活動之前，培訓師安排好必要的安全保護措施，如牆下面需要 2 至 3 塊厚海綿墊進行緩衝。

2. 這是一個所有學員全體參與的項目，活動開始之前，學員需要跟著培訓師進行一些熱身運動，以保證身體對適度運動的承受。培訓師講解規則之前，準備一個筐子將學員身上攜帶的所有硬物和尖銳物收集起來統一保管，例如手錶、眼鏡、髮卡、戒指、鑰匙等，如果穿的鞋是硬底鞋或者膠釘鞋，必須脫掉才能參與。

3. 培訓師講解遊戲規則：

(1)現在我們位於一艘緊閉船艙的海輪之中，因為海輪觸礁發生漏水，所以海輪已經不能保證安全。因為海輪船艙開門會引起海水倒灌，所以那裏的通路已經被封死。現在唯一的途徑，就是通過面前這堵高牆，進入船中較高的地方，然後搭乘救生艇求救。

(2)因為發生事故時是黑夜，所以默認大家都穿著短小的內衣或者薄質內衣，不能作為承力的繩索使用，同時也沒有其他材料可供使用。

(3)根據估計，最多只有 40 分鐘，海水就會漫過一些阻擋進入船艙，如果那時還有人沒有攀過高牆，就再也沒有機會了。

4. 遊戲規則講解之後，先不宣佈遊戲開始，培訓師必須著重講解安全注意事項(參見附錄)，並且需要詢問全體學員，大家都明確之後，方可宣佈遊戲開始。

5. 遊戲開始之後，培訓師只能提供安全方面的監督和建議，不得參與和干預對行動方案的討論。如果學員提出了違反安全原則的方案，培訓師需要進行制止，並且提醒他們，如果他們採取不安全的方案，就會發生不但翻不過高牆反而會提前受傷的情況，一旦發生，就

只能在暗艙中等待被海水淹沒了。

6. 學員開始嘗試之後，培訓師分配相關的工作人員作為週邊保護。在學員多次嘗試失敗之後，培訓師可以根據時間過去的程度給予適當的提示或者技巧說明；當學員有意放棄時，培訓師需要以各種鼓勵措施激勵學員繼續進行。

7. 培訓師注意監控時間，在過半之後的逢 5 時間段給以提醒，增加團隊緊迫感。

8. 當地面上的人數少於三人時，培訓師和安全助理可以適當給予幫助，但仍然只作為輔助力量，主要的力量必須來自學員。

9. 全體學員在規定時間內完成之後，培訓師大聲宣佈結果，並且在學員下地的過程中，著重指示大家對在整個過程付出很多的學員進行英雄式歡迎。

遊戲討論：

1. 在嘗試多少次之後大家開始感到失望，出現放棄的念頭？什麼原因使得大家重新恢復信心？對於某些環節的困難，我們採取了那些辦法進行解決？是否取得了良好的效果？

2. 第一位攀上牆頭的學員對全體士氣的影響如何？是否可以完全抵消前面嘗試失敗所帶來的負面影響？6. 對於團隊中付出特別多的學員，你們是怎麼想的？例如一直當作人梯最底層的學員。

3. 從這個遊戲中，我們可以體悟到那些團隊精神的運用？在現實中是否可以同樣產生積極作用？

遊戲總結：

1. 本遊戲屬於危險度較高的遊戲，所以培訓師在全程中必須嚴格監控，按照安全守則處理。

2. 遊戲開始時，學員們需要進行團隊決策得出一個可行性方案，但有時團隊過於注重理論的討論，以至於時間過去大半還沒有開始行動。這時培訓師可以適當進行提醒，一般需要至少 25 分鐘的嘗試和執行時間。

3. 一些學員不太有激情的團隊，可能會在短暫的嘗試失敗之後選擇放棄，培訓師要給以適當的鼓勵和提示。對充滿失敗情緒的團隊，要慎重使用激將法，免得弄巧成拙。

4. 如果全體學員都是女性，則有可能發生無論怎樣嘗試都無法成功的情況，可以準備一些備用繩索、扁帶作為輔助，培訓師需要教給正確的使用方法。

5. 對作為連接作用的學員，提醒其要將褲腰帶系緊、衣服紮好。除非特殊情況，最好不要讓女學員作為連接部份。

6. 當第一個學員順利上去後，給以團隊鼓勵和信心，提示團隊成功的可能性大大加強了，以抵消前面因為嘗試失敗帶來的頹喪。

7. 對於最後一名學員，要給以充分的激勵，鼓勵其勇敢嘗試。如果實在不行，可以悄悄告知可行方法，但最好是在多次嘗試失敗之後。

8. 本遊戲體現了多方面的意義。不僅給了團隊積極向上的壓力，同時也顯露出團隊合作的精神；團隊決策的有效性決定了任務完成的順利程度，有效的領導力是完成這一步的關鍵；團隊分工不同，有人需要付出多一些，有人則不必付出那麼多，團隊大局觀念時刻對學員產生激盪；有限的資源需要發揮最大的作用，團隊人員的安排也需要較高的技巧，如果最大體重的學員被留到了最後一個，則團隊任務完成的可能性就非常渺茫了。

9. 如果有學員因為身體原因無法參與活動，可以讓其作為啦啦隊或者透過樓梯提前上去。

10. 討論時，培訓師盡力鼓勵所有學員都發表感想。

附錄:「逃生牆」安全守則

(1)嚴格清理活動場地，清除地面墊子上下及週圍的石塊、尖銳硬物。

(2)保證牆體結實堅固。

(3)在鼓勵全體學員參與的前提下，確認不適合參與學員的身體狀況，對於一些危險疾病，不得冒險。

(4)充分帶領學員熱身。

(5)當學員確定要採用搭人梯的方式時，提示要採用馬步站樁式，腰部挺直，手臂推牆形成反作用力保證人梯穩固，同時要安排專人輔助人梯學員的腰部。

(6)學員攀爬人梯時，只能踩肩部和大腿，不得亂踩人梯學員的頭部、頸椎、脊椎和膝蓋。

(7)學員互相拉持時，不能夠拉衣服承重，要用兩手手腕相扣的方式；只可垂直上提，高度合適時可以從側面拉腿而上。

(8)嚴格禁止助跑起跳。

(9)儘量禁止學員上爬時蹬牆向上走。在墊子上時禁止從高處跳下，特別是對於有接縫的墊子，避免扭傷腳踝。

(10)如果搭建的人梯在承人時不能支持，必須大聲呼救，旁邊人員及時救援。

(11)所有學員要參與保護，作為保護的核心層；培訓師單獨安排的安全助理作為保護的週邊。保護人員要使用弓箭步的姿勢保持自己穩固，並能夠與被保護者有足夠近的距離。

(12)人摔下時，下面的保護人員要注意順勢接住放到墊子上；當有人從牆上滑下時，可以順勢將其按在牆上然後緩慢放下，注意按時不要按在頭部。

(13)位於牆頭人員不能採取騎牆的姿勢，當伸出上半身拉人時，其

後必須有人抱住其雙腿膝蓋部份實行保護。

　⒁如果有牆頭上的學員採取倒掛的形式，培訓師必須親自檢查上方的保護，確保其每條腿都有兩人扶住膝蓋部份。對於培訓師不認可的安全行為，不得執行。

團隊合作的小故事

團隊合作是成功的保證

　　F1，中文稱之為「一級方程式錦標賽」，是方程式賽事中的頂級賽事。F1 車手的風采萬人矚目，但大家一般不清楚，在此項比賽中團隊協作至關重要。

　　最能反映團隊協作程度的就是中途進站加油換胎(Pit Stop)時的效率。在 Pit Stop 浪費一秒鐘，就可能對比賽的勝負產生關鍵的影響。停站時的失誤不但會損失時間，也可能引起火災。而比賽時工作人員熟練的動作都來自平時的練習，車隊通常會利用星期四下午和星期天的早上來練習 Pit Stop。Pit Stop 是危險的工作，所以每一位工作人員都必須穿防火服，並且要戴安全帽來降低風險。這些工作人員在車隊中都還有另外的正職，例如技師、卡車司機、備用品管理員等，而加油換胎只是他們工作的一小部份。

　　賽車每一次停站，都需要 22 個人的參與。從他們的分工便可看出其協作的精密程度。

　　12 位技師負責換胎(每一輪三位，一位負責拿氣動扳手拆、鎖螺絲，一位負責拆舊輪胎，一位負責裝上新輪胎)。

　　一位負責操作前千斤頂。

一位負責操作後千斤頂。

一位負責在賽車前鼻翼受損必須更換時操作特別千斤頂。

一位負責檢查引擎氣門的氣動回覆裝置所需的高力瓶，必要時必須補充高壓空氣。

一位負責擦拭車手安全帽。

一位負責持加油槍，這通常由車隊中最強壯的技師擔任。

一位協助扶著油管。

一位負責加操作油機。

一位負責持滅火器待命。

一位被稱為「棒棒糖先生」，負責持寫有「Brakes」(剎車)和「Gear」(入擋)的指示板，當牌子舉起，即表示賽車可以離開維修區了。而他也是這22人中惟一配備了用來與車手通話的無線電話的。

團結協作是優秀團隊的制勝法寶，是高效團隊的績效武器。只有團結協作，團隊才能不斷取得成功，不斷跨越新的高度。一個團隊只有不斷提高自己的協作水準，才能夠接受更加重要而複雜的任務。

 心得欄 ------------------------------

----

10 讓你瞭解別人

 遊戲主旨：

相對於生理特點來說，人的性格本質似乎是流動性的。發現生活，改造乏味的生活，發掘潛藏的性格，討論成才的方法，寄託人生的希望；透過選擇探索人類心理的工具——性格分析——來認識自我、瞭解他人，從而消除成功的障礙，釋放與身俱有的性格力量，享受全面成功的生命快樂。

性格隨著週圍環境的變化而發生微妙的變化，以致於對它的測驗使心理學家們費盡心機。下面的遊戲，請你在認真思考的基礎上，以最快速度誠實地完成，以表達你對別人的看法。遊戲的目標是鼓勵參加者放鬆，介紹人們在性格方面是有差異的。

 遊戲人數：不限

 遊戲時間：4 分鐘

 遊戲材料：

方形，三角形，六邊形，圓形，文字資料，投影片，圖表

 活動方法：

1. 分發一份畫有 4 種幾何圖形的影本給每一個參加者，指導每一個參加者選擇一項最能代表他（她）個性的圖形和其他參加者的圖

形。圖形為：方形，三角形，六邊形，圓形。

2. 透過「投票」表決分別統計 4 個選項的總數。

3. 接下來進一步建議每個參加者認真選擇與各種類型相關的細節特徵。

4. 評估別人的看法與你的看法之間的差異。

性格類型：

1. 方形：這類人是有智慧的，目標明確，理性，並且是一個優秀的決策者。

2. 三角形：這類人是堅強的，可信賴的，保守的，意志堅定的。

3. 六邊形；這類人總是不滿於現狀，相信直覺的，有冒險精神的。

4. 圓形：這類人具有強烈關注性。

開場白示例：

「20 世紀最大的發現，就是人們可以透過改變自己心靈的方式去改變人生。你有個性嗎？是的，一個人失去了個性，也就失去了靈性，失去了對大自然的感受，再成功也不會有感動自我的滿足和令人欣慕的命運。偉大的秘訣，首先就在於去掉自以為是地被封在只有有限能力的軀體內的可憐想法。個性是半個生命，喪失個性就是半個死亡。怎樣瞭解你的個性，發揮你的個性？這不只是由你自己的觀點所能決定，它還需要別人的幫助。難道你不想知道，你在別人眼裏是個什麼樣的人嗎？讓我們一起來完成這個遊戲吧。」

 遊戲討論：

1. 在那些方面別人的看法與你的是截然不同的？

2. 透過這種測試是否可將人的個性進行劃分？

3. 將人定型危險嗎？

4. 弄清自己的優勢和劣勢之後，決定下一步做什麼？

11 安全飛行器

 遊戲簡介：

為一個雞蛋設計外包裝，以便使它從指定高度安全落下不破碎。

遊戲主旨：培訓學員要通過競爭建立團隊精神。

遊戲時間：40 分鐘。

遊戲材料：

・吸管；

・透明膠帶；

・生雞蛋。

活動方法：

按每組 4～5 人分組。每個小組的任務是為一個雞蛋設計外包裝，以便使它從指定高度安全落下而不破碎。在擲雞蛋之前，每個小組要在全體隊員前公開展示他們的作品。

規則：

在草地或地毯上劃定一個降落區域。

降落高度由培訓師指定（10～20 英尺）。

每個小組先做產品展示，然後擲雞蛋。

用掌聲評出最佳展示，最具創意，最成功操作三個獎項。

變通：

你可以做一些小小的調整，創造出更為複雜的遊戲版本。例如：

給各小組的材料的類型和數量可以有所不同。這樣，小組之間就必須進行交換才能完成任務。

指定一個公共的地點。小組之間不能互相串訪，但可以在這個指定的地點進行會晤協商。

設計一個故事情節，讓所有小組都有一個共同的目標。例如，各小組正在叢林邊挽救從鳥巢裏掉落下來的瀕危物種的蛋。

在總結的時候，關注競爭與合作對完成任務的影響。最初的目標是什麼，是否有小組改變了最初目標，目標的改變是否在競爭與合作中有所體現，這種改變是如何影響最終結果的？

遊戲討論：

這個遊戲讓全體學員在共同完成任務的同時得到快樂。如果從中有所感悟，當然更好。即便不是這樣，這個遊戲也不需要太長和太深入的總結。很多情況下，在進入下一個遊戲之前，只要給出簡短的評語就足夠了。

小 故 事

落入坑洞的獵人

一群人到山上去打獵，其中一個獵人不小心掉進很深的坑洞裏，他的右手和雙腳都摔斷了，只剩一隻健全的左手。坑洞非常深，又很陡峭，地面上的人束手無策，只能在地面喊叫。

幸好，坑洞的壁上長了一些草，那個獵人就用左手撐住洞

壁，以嘴巴咬草，慢慢、慢慢、慢慢地往上攀爬。

地面上的人就著微光，看不清洞裏，只能大聲為他加油。等到看清他身處險境，嘴巴咬著小草攀爬，忍不住議論起來：

「哎呀！像他這樣一定爬不上來了！」

「情況真糟，他的手腳都斷了呢！」

「對呀！那些小草根本不可能撐住他的身體。」

「真可惜！他如果摔下去死了，留下龐大的家產就無緣享用了。」

「他的老母親和妻子可怎麼辦才好！」

……

正在往洞口攀爬的獵人實在忍無可忍了，他張開嘴大叫：「你們都給我閉嘴！」。

就在他張口的剎那，他再度落入坑洞，當他摔到洞底即將死去之前，他聽到洞口的人異口同聲的說：「我就說嘛！用嘴爬坑洞，是絕對不可能成功的！」

在困境中的慈愛與關懷，可以救人；困境中的議論與批評，只會使人陷入更深的絕境。因此，在自己面對困境和難關時，不要在意別人的議論，要意志堅強，繼續前進。在別人受到挫折和危厄時，不要急著議論，要將心比心，鼓勵別人在逆境中奮起，堅持到底。

12 要克服恐懼

 **遊戲主旨：**

　　每個人都不是天生的演講家,甚至有些人對在公眾場所大聲講話都會感到恐懼。這個遊戲告訴學員害怕在公眾場合講話是正常的,並為克服這些恐懼提供了建議和方法。

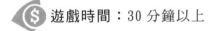 **遊戲人數：** 5 人一組

遊戲時間： 30 分鐘以上

 **遊戲材料：** 恐懼清單和建議手冊,題板紙

遊戲場地： 教室

遊戲應用：

(1)員工激勵培訓方法

(2)增強團隊凝聚力和合作精神

(3)增強學員對自我的瞭解

(4)激發演講者的自信和能力

活動方法：

1. 在遊戲開始前問學員：「你們認為在你們各自的生活圈子裏,

大多數人最害怕的是什麼？」

　　讓學員將答案簡明地寫在題板紙上，詢問大家是否同意這些意見。

　　發給每人一張由專家列出的恐懼清單。告訴大家，如果資訊準確的話，那麼大多數人的恐懼都是類似的，覺得做一場精彩的演說或開展培訓課程是一項挑戰。

　　讓學員們回憶或採用腦力激盪的方法，盡可能多地說出克服恐懼的方法。

　　展開小組討論，培訓者在旁記錄。記錄下學員們認為有效的方法。

　　2. 選出相對最恐懼在公眾場合發言的學員，讓他上台大聲朗讀這些克服恐懼的方法給大家聽。

 遊戲總結：

1. 專家列出的恐懼清單：

・ 在公眾前講話

・ 金錢困擾

・ 黑暗

・ 登高

・ 蛇和蟲子

・ 疾病

・ 人身安全

・ 死亡

・ 孤獨

・ 狗

2. 克服演講恐懼的一些建議：

· 熟悉演講內容（首先成為一個專家）

· 事先練習演講內容

· 運用參與技巧

· 知道參加者的姓名並稱呼他們的名字

· 儘早建立自己的權威

· 用目光接觸聽眾，建立親善和諧的氣氛

· 進修公開演講課程

· 展示你事先的準備工作

· 預測可能遇到的問題

· 事先檢查演示設備和視聽器材

· 事先獲得盡可能多的參與者的資訊

· 放鬆自己（深呼吸，內心對白等）

· 準備一個演講大綱並按部就班地進行

· 儀容儀表

· 好好休息，使自己的身心保持警覺、機敏

· 用自己的方式，不要模仿他人

· 用自己的辭彙，不要照章宣讀

· 站在聽眾的角度看問題

· 設想聽眾是和你站在一個立場上的

· 對演講提供一個總的看法

· 接受自己的恐懼，把它看作是一件好事

· 事先向團隊介紹自己

· 把你的恐懼分類，看看那些是可控的，那些是不可控的，並找出相應的對抗恐懼的方法

· 對開場前的 5 分鐘要特別重視

· 把自己想像成一個出色的演講者
· 多考慮如何應對困難的處境和刁鑽的問題
· 營造一種非正式的氣氛

 遊戲討論：

1. 你在公眾場合講話是否感到恐懼？你是否想過這些恐懼來自何處？有什麼方法可以克服？

2. 當你看到別人遇到這種恐懼時，是否希望想一些方法幫他？這些方法對你自己有用嗎？

3. 通過這個遊戲，你找到對你有幫助的方法沒有？

團隊合作的小故事

最好還是回原處

有一天，眼睛、鼻子及嘴在開會。

大家都對眉毛表示抗議。眼睛說：「眉毛有什麼用處？憑什麼要在我們的上面？我眼睛可以看東西，我要是不看，連走路都不行了！」鼻子聽了不服氣，道：「我鼻子可以嗅香味和臭味，感覺最靈敏，眉毛算什麼？它怎麼可以站在我們的上面？」聽了這一段話後，嘴也不服了，鼓起嘴說：「臉上我最重要，我是最有用的！我一不吃東西誰也活不了。我應該站在最上面。眉毛最沒用，他應該站在最下面才對！」眼睛、鼻子及嘴都在互相爭執，對眉毛發出抗議。

眉毛聽後，心平氣和地對他們說：「既然你們都以為自己最有用，那我就在你們的下面吧！」

　　說完，眉毛便走到眼睛下，後到鼻子下，再到嘴下，結果大家都認為難看極了，只好決定讓眉毛回到原處去，還是那兒看起來比較適合。

　　團隊成員應該客觀評價各自所扮演角色的實際價值與意義，不可過高看待自己，更不可隨意貶低他人。

　　它山之石，可以攻玉。在團隊合作過程中，團隊成員必須「取他人之長，補自己之短」，才能更好地扮演自己的團隊角色，才能創造更好的績效。

13 穿越蜘蛛網

遊戲簡介：
全體團隊學員從蜘蛛網的一邊穿越到另一邊。

遊戲主旨：通過改良，逐步使團隊更完美。

遊戲時間：
20～30 分鐘。如果團隊成員的運動細胞和身體協調性較差，則可給更多的時間或用較大網眼的蜘蛛網。

遊戲材料：
‧彩色繩子。
‧膠帶。

· 剪子或刀子。

找兩棵樹，相距 11～12 英尺。將兩根繩子平行拴在兩棵樹之間，其中下面的一根基準繩距地面 1 英尺高，上面的一根距基準繩大約 5 英尺的距離。

用另外一些繩子在兩棵樹與兩根基準繩之間交叉編織成一張網。用膠帶使鬆懈的地方繃緊。保證至少每個學員有一個網眼。為了調節一些網眼的大小，可以使用滑結而不用膠帶固定。編織繩網時要考慮學員的身材年齡等因素。學員年齡較大者時，通常需要網眼更大一些，距離也更靠近地面。

ⓘ 活動方法：

不管一個團隊提供的是產品還是服務，提高工作質量都是贏得和保持客戶的關鍵。在這裏，提供高質量的「產品」不僅需要齊心協力的計劃，還要求有足夠的信任。蜘蛛網上的個別網眼非常寬大，易於穿越。但是，大部份的網眼都太小，需要隊員在其他成員的協助下才能勉強通過。

培訓師應避免做質量監督者，要讓團隊自己擔負起監控工作質量的責任來。如果團隊中有身材過於高大或體重過重者，應適當增加允許的碰觸次數或延長遊戲時間。

規則：

每個網眼只能使用一次。

不准從蜘蛛網上面翻越，也不能從下面鑽過去，或是從旁邊繞過去。

一旦觸網，則須返回重新開始。

一旦某個學員通過蜘蛛網後，不得再返回，除非是為了保護其他學員。學員負責控制質量，防範觸網。觸網次數越少，質量越高。

安全：

培訓師應密切監控隨時保證安全。如果團隊中有一兩個人的身材超大，則需調整網洞的大小以保證至少每人有一個足夠大的網洞可以穿過。編織兩個足夠大的網眼以易於通過。但是大部份的網眼大小應足夠讓隊員在其他人的幫助下剛好可以通過。應考慮的安全點包括：

在遊戲開始前讓學員做些相應的準備活動，例如保護動作，或嘗試將一個學員舉起。

不得魚躍穿越網眼。

做保護的學員為了確保安全可以走到任何位置。但是，除非為了防止隊友墜地而必須施以幫助之外，不能幫助任何人。

保持心理安全。如果有人決定不參加鑽洞，就讓他找一種力所能及的方式為團隊做貢獻。

蜘蛛網應編設在沒有石頭、坑窪的平坦地面上。

在穿越的學員沒有完全站穩之前，不得中止保護。

用的繩子不能太結實，以便萬一有隊員在穿越時墜地的話，繩子易於斷開。

變通一：

利用「蜘蛛網」讓兩個團隊都參與進來。兩個團隊分別在蜘蛛網的兩邊，規則與上述相同，但每個網眼要在兩邊分別有學員由此通過後方才封閉掉。給其中一個團隊一些掛件標記那些封閉的網眼。為兩隊分別佈置任務，並觀察以下事項：

當兩個團隊分別從蜘蛛網的兩邊開始他們的穿越任務時，有無相互交換、比較所給的資訊？

學員通過時，兩隊之間有無相互幫助，或是相互競爭？

兩隊相互忽視還是相互給予鼓勵和支持？

變通二：

「蜘蛛網」的另一變形就是將網水平懸掛，距膝蓋 3～4 英寸高。為了增加遊戲的趣味性，可以矇住部份學員的眼睛，或是成為「啞巴」。有關時間與觸網的規則不變。每名學員在最終佔有一個網眼之前至少要走過 2～3 個網眼。完成任務的標誌是在限定時間內每名學員都安全地站到一個網眼中。同垂直的「蜘蛛網」一樣，細緻地安全保護是必不可少的。

變通三：

為每個網眼標定價值。越高越小的網眼，價值越大。每次觸網都會耗費團隊的一些資金，如能順利通過某個網眼，則給予相應數量的獎金。要求小組努力打造一條高質量、高利潤的生產線。

變通四：

如果你的小組非常具有想像力，那就可以做這個以「逃跑」為主題的遊戲。遊戲背景是這樣的：團隊在巴爾幹半島執行偵察任務時，被敵國政府扣留。關押營地的電網裝有電子警報系統，但是警衛們卻不知道，其中的一段電網有一些洞可以讓人通過。在這個地段，如有觸網行為發生，就會驚醒警衛。因此，如有隊員觸網，團隊就不得不等待一分鐘，等警衛過來察看並離開後，才能重新設法逃離營地。培訓師把學員帶到他們看不到電網的地方做計劃。在團隊開始「逃跑」行動時，開始計時。

遊戲討論：

團隊監控自己的工作質量了嗎，什麼時候最有可能出現質量問題，誰應對質量監督負起責任來？

團隊有沒有採取一些措施來提高工作質量？

團隊是否制定了評估標準並達成一致意見？

是不是每個人都理解工作計劃並身體力行之？

計劃中是否考慮過將最優秀的隊員放在第一個或最後一個通過？

資源分配明智合理嗎(時間、網眼、人力)？

隊員間有無相互提醒？

反饋(例如，「小心，你要觸網了。」)是否成為工作流程的一部份？

如果答案是肯定的，那麼這種反饋是建設性的還是批評性的？

小 故 事

敲動生命的大鐵球

一位世界第一的推銷大師，在他結束推銷生涯的大會上吸引了保險界的 5000 多位精英參加。當許多人問他推銷的秘訣時。他微笑著表示不必多說。

這時，全場燈光暗了下來，從會場一邊出現了 4 名彪形大漢。他們合力抬著一鐵架，鐵架下垂著一隻大鐵球走上台來。當現場的人丈二和尚摸不著頭腦時，鐵架被抬到講台上了。

那位推銷大師走上台，朝鐵球敲了一下，鐵球沒有動，隔了 5 秒，他又敲了一下，還是沒動，於是他每隔 5 秒就敲一下。這樣如此持續不斷，鐵球還是動也沒動，台下的人開始騷動，陸續有人離場而去，但推銷大師還是靜靜地敲鐵球，人越走越多，最後留下來的所剩無幾。

終於，大鐵球開始慢慢晃動了，經過 40 分鐘後，大力搖晃的鐵球，就算任何人的努力也不能使它停下來。

　　最後，這位大師面對僅剩下來的幾百人，介紹了他一生成功經驗：成功就是簡單的事情重覆去做。以這種持續的毅力每天進步一點點，當成功來臨的時候，你擋都擋不住。

　　簡單的動作重覆做，簡單的話反覆說，這就是成功的秘訣。說白了，成功其實很容易，就是先養成成功的習慣。世界上最可怕的力量是習慣，世界上最寶貴的財富也是習慣。

14 逛一次狄斯奈樂園

遊戲主旨：

　　一個團隊應該怎樣組建，才能真正發揮其應有的魅力呢？學習世界著名公司的管理經驗，會給我們一些啟示。

遊戲人數：團體討論

遊戲時間：60分鐘

遊戲材料：狄斯奈樂園的員工培訓案例

遊戲場地：不限

遊戲應用：

(1)培養員工的團隊合作意識

(2)幫助構建團隊結構

 活動方法：

首先培訓者給大家講述狄斯奈樂園的培訓方法。

到狄斯奈去遊玩，人們不大可能碰到狄斯奈的經理，門口賣票和剪票的也許只會碰到一次，碰到最多的還是掃地的清潔工。所以狄斯奈對清潔員工非常重視，將更多的訓練和教育大多集中在他們的身上。

(1)從掃地的員工培訓起。狄斯奈掃地的有些員工，他們是暑假工作的學生，雖然他們只掃兩個月時間，但是培訓他們掃地要花 3 天時間。

→學掃地

第一天上午要培訓如何掃地。掃地有 3 種掃把：一種是用來扒樹葉的；一種是用來刮紙屑的；一種是用來撣灰塵的，這三種掃把的形狀都不一樣。怎樣掃樹葉，才不會讓樹葉飛起來？怎樣刮紙屑，才能把紙屑刮很好？怎樣撣灰，才不會讓灰塵飄起來？這些看似簡單的動作卻都有竅門在其中，而且掃地時還另有規定：開門時、關門時、中午吃飯時、距離客人 15 米以內等情況下都不能掃。這些規範都要認真培訓，嚴格遵守。

→學照相

第一天下午學照相。十幾台世界最先進的數碼相機擺在一起，各種不同的品牌，每台都要學，因為客人會叫員工幫忙照相，可能會帶世界上最新的照相機來這裏度蜜月、旅行。如果員工不會照相，不知道這是什麼東西，就不能服務好顧客，所以學照相很有必要。

→學包尿布

第二天上午學怎麼給小孩子包尿布。孩子的媽媽可能會叫員工幫

忙抱一下小孩,但如果員工不會抱小孩,動作不規範,不但不能給顧客幫忙,反而增添顧客的麻煩。抱小孩的正確動作是:右手要扶住臀部,左手要托住背,左手食指要頂住頸椎,以防閃了小孩的腰,或弄傷頸椎。不但要會抱小孩,還要會替小孩換尿布。給小孩換尿布時要注意方向和姿勢,應該把手擺在底下,尿布折成十字形,輕柔地粘上魔術貼,這些都要認真培訓,嚴格規範。

→學辨識方向

第二天下午學辨識方向。有人要上洗手間,「右前方,約 50 米,第三號景點東,那個紅色的房子」;有人要喝可樂,「左前方,約 150 米,第七號景點東,那個灰色的房子」;有人要買郵票,「前面約 20 米,第十一號景點,那個藍條相間的房子」……遊客會問各種各樣的問題,所以每一名員工要把整個狄斯奈的地圖都熟記在腦子裏,對狄斯奈的每一個方向和位置都要非常地明確。

訓練 3 天後,發給員工 3 把掃把,開始掃地。如果在狄斯奈裏面,碰到這種員工,人們會覺得很舒服,下次會再來狄斯奈,也就是所謂的引客回頭。

(2)會計人員也要接受直接面對顧客的訓練。有一種員工是不太接觸客戶的,那就是會計人員。狄斯奈規定:會計人員在前兩三個月中,每天早上上班時,要站在大門口,對所有進來的遊客鞠躬、道謝。因為遊客是員工的「衣食父母」,員工的薪水是遊客掏出來的。感受到什麼是客戶後,再回到會計室中去做會計工作。狄斯奈這樣做,就是為了讓會計人員充分瞭解客戶,意識到所有部門都要為客戶做好服務。

(3)其他重視顧客、重視員工的規定:

→怎樣與小孩講話

遊狄斯奈樂園有很多小孩,這些小孩要跟大人講話。狄斯奈員工

碰到小孩在問話，統統都要蹲下，蹲下後員工的眼睛跟小孩的眼睛要保持一個高度，不要讓小孩子抬著頭去跟員工講話。因為這是未來的顧客，將來都會再回來的，所以要特別重視。

→怎樣送貨

狄斯奈樂園裏面有喝不完的可樂，吃不完的漢堡，享受不完的三明治，買不完的糖果，但從來看不到送貨的。因為狄斯奈規定在客人遊玩的地區裏是不准送貨的，送貨統統在圍牆外面。狄斯奈的地下像一個隧道網一樣，一切食物、飲料統統在圍牆的外面下地道，在地道中搬運，然後再從地道裏面用電梯送上來，所以客人永遠有吃不完的東西。由此可以看出，狄斯奈多麼重視客戶，所以客人就不斷去狄斯奈。去狄斯奈玩 10 次，大概也看不到一次經理，但是只要去一次，就看得到他的員工在做什麼。

遊戲總結：

1. 就像上面所說的，狄斯奈最大的成功之處就是它對於優先次序的排列，他永遠是顧客站在最上面，員工去面對客戶，經理人站在員工的底下來支持員工，員工比經理重要，客戶比員工又更重要。

2. 在團隊建設當中，一定要保證上下游管道的通暢，要保證顧客的要求能夠最真實的反映到員工那裏，同時又能及時有效的上達到經理那裏，並予以解決，這樣的團隊才是一個合格有效的團隊。

遊戲討論：

1. 你從狄斯奈樂園的培訓方法中獲得了什麼提示？有什麼思想是你們公司所不具備的？

2. 對於團隊管理來說，狄斯奈樂園的最大成功之處在何處？

團隊合作的小故事

孔雀何必要訴苦

孔雀因為沒有動聽的歌喉，便向天神訴苦。

天神對她說：「別忘了，你的頸項間閃著翡翠般的光輝，你的尾巴上有華麗的羽毛，所以在文娛方面，你應該是很出色的。」

見孔雀仍未釋懷，天神繼續對她說道：「而且，命運之神已經公正地分給你們每樣東西。你擁有美麗，老鷹擁有力量，夜鶯能夠唱歌。他們都很滿意天神對它們的賜予，你又有何苦呢？」

上天給你關上了一扇窗，必然為你打開一扇門。團隊成員要客觀地認識到團隊中並不存在十全十美的人物，只有正確認識每個人的優點與缺點，才能實現有效的團隊合作。

管理者要認識到，團隊成員的相互合作是建立在各自具有獨特優點的基礎上的，完美的團隊需要不完美的各個成員通過完美的相互協作來實現。

心得欄

15 想像未來成果

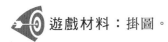 遊戲主旨：

在團隊成員間創造良好的合作氣氛和精神，培養團隊的預見能力，建立團隊的目標。

遊戲材料：掛圖。

活動方法：

給每個成員 2 分鐘時間，讓他們想像一下，一年之後團隊的理想工作狀況會怎樣。

讓每個成員描述一下他們的預見。每個人的發言不得超過 1 分鐘。將他們描述的情形列在掛圖上。

指定一個小組，在下一次會議之前，根據掛圖上所列的項目，草擬一個行動計劃的大綱。這個計劃大綱中所列的項目應當受整個團隊直接或間接的控制，並且必須在下一年完成，以實現整個團隊的目標。

把對這個計劃大綱的介紹和就此展開的討論列入下一次會議的議程。

小提示：

不要讓團隊忘記他們的目標和計劃。分發關於目標和計劃的材料，將它們張貼在顯著的位置上，不時提及它們，在個人的互相交流中和在團隊的會議上，都要經常檢查針對目標所取得的進步。

 遊戲討論：

1. 你們的總體計劃可行性如何？在接下去的一年中，你們能夠實現這個目標嗎？

2. 什麼因素可能會讓你們失敗？（例如，缺少其他人對目標或計劃的認同，缺少資源和無法預料的事件。）

3. 你們多長時間會回顧一下針對目標所取得的進步？

 小 故 事

五枚金幣

有個叫阿巴格的人生活在內蒙古草原上。有一次，年少的阿巴格和他爸爸在草原上迷了路，阿巴格又累又怕，到最後快走不動了。爸爸就從兜裏掏出 5 枚硬幣，把一枚硬幣埋在草地裏，把其餘 4 枚放在阿巴格的手上說「人生有 5 枚金幣，童年、少年、青年、中年、老年各有一枚，你現在才用了一枚，就是埋在草地裏的那一枚，你不能把 5 枚都扔在草原裏，你要一點點地用，每一次都用出不同來，這樣才不枉人生一世。今天我們一定要走出草原，你將來也一定要走出草原。世界很大，人活著，就要多走些地方，多看看，不要讓你的金幣沒有用就扔掉。」

在父親的鼓勵下，那天阿巴格走出了草原。長大後，阿巴格離開了家鄉，成了一名優秀的船長。

人生需要規劃，人生需要激勵，只要我們有強烈成功的願望、珍惜生命，就能走出挫折的沼澤地。

16 團隊的超強執行力

 遊戲主旨：

　　尋寶遊戲是考察團隊是否具有超強執行力的遊戲。它看起來很難，但只要團隊內部能實現統籌協調和科學分工，並能夠激發團隊每一個成員積極參加，這個遊戲非常容易完成，它是對一個團隊素質的綜合考量。

遊戲人數：5 人一組

遊戲時間：10 分鐘

遊戲材料：尋寶遊戲工作表（見附表）

遊戲場地：教室

遊戲目的：

　　在經過了一段時間的講課後，培訓人員可以利用這類破冰遊戲來改善課堂氣氛，也可以借遊戲讓學員體會一下團隊合作的效果。

活動方法：

1. 培訓人員將全體學員自由組織或組成幾個 5 人小組。
2. 每組選出一位代表作為組長。

3. 培訓人員把尋寶遊戲工作表分發給各組的組長，尋寶遊戲表如下：

附表：尋寶遊戲表

你的小組要求收集以下的物品，其時間限制及評分標準由培訓人員來解釋。

迴紋針石頭　　一把泥土　　衣架肥皂　　一包香煙

牙刷　　紅圓珠筆　　小組成員名單　　報紙

4. 讓各組在 5 分鐘之內找到表中的所有物品。

5. 組長在全班學員面前展示物品。

6. 培訓人員檢查最快完成的小組是否收集到了所有的物品。

7. 完成時間最短的小組培訓人員給予他們一些獎賞。

 遊戲總結：

1. 在集體活動中，群策群力是十分重要的，組長的領導能力以及每位組員的參與積極性，都直接影響成果。

2. 計劃是必要的，既有共同任務又各司其職，可避免活動中出現混亂和資源安排不當的情況。

3. 很多時候，時間是有價的，除了高效工作這一方法之外，我們還可以選擇用投資來換取時間。

集中大家共同的力量與智慧，使尋寶不再是一道難題。

遊戲多進行幾次後，可以按每組找全東西的次數進行相應的獎勵。

遊戲討論：

1. 回顧一下活動的過程，是否小組的全體成員都有參與？

2. 做事之前是否有一個計劃，哪怕是這樣的簡單活動？

3. 大家是否能體會到以投資時間來爭取時間的道理？

17 團隊要集思廣益

 遊戲主旨：

針對參與者當前所面臨的挑戰或問題，提供幾種可行的方法或建議。

遊戲材料：一些紙、記事本和鉛筆。

活動方法：

整個團隊成員要圍著桌子坐好，或是圍成一圈坐下。請每個人想一個與當前工作有關的問題。每個人將他的問題寫在白紙或記事本上。例如：「我如何更多地參與到團隊中去呢？」或「我如何讓我的職員更加守時？」讓團隊成員花幾分鐘的時間思考並寫下他們的問題，然後每個人將寫下的問題交給坐在自己右邊的人。收到問題的人閱讀問題並迅速寫下他看到問題後最初的想法。每個人有 30 秒的時間對別人提出的問題作出回答。每過 30 秒重覆一次這個步驟，整個過程要一直持續到每個人都拿回了自己寫的那張紙。

鼓勵每個成員在闡述他們的問題時，採用一種能夠激發回答者最大創造力的方式（並且同時避免對解決問題的方法有所限制）。

遊戲討論：

如果時間允許，成員們可以對他們所收到的可行的解決方法進行討論。

1. 是不是每個人都發現了自己以前沒有意識到的新方法？
2. 你覺得這些建議有嘗試的價值嗎？
3. 是否有一些建議觸發了你其他的主意或方法？
4. 在向別人尋求幫助方面，這個遊戲使我們學到了什麼？

團隊合作的小故事

小猴多了兩塊手錶

森林裏生活著一群猴子，每天太陽升起的時候它們外出覓食，太陽落山的時候回去休息，日子過得平淡而幸福。

一名遊客穿越森林，把手錶忘在了樹下的岩石上，被猴子猛可撿到了。聰明的猛可很快就弄清了手錶的用途，於是猛可成了整個猴群的明星，每隻猴子都漸漸習慣向猛可請教確切的時間，尤其是在陰雨天的時候。之後，整個猴群的作息時間也由猛可來規定，猛可逐漸建立起威望，最後當上了猴王。

做了猴王的猛可認識到是手錶給自己帶來了機遇與好運，於是它每天還會花大量時間在森林裏尋找，希望能夠得到更多的手錶。功夫不負有心人，猛可果然相繼得到了第二塊、第三塊手錶。

但出乎猛可意料的是，它得到了三塊手錶反而有了新麻煩。原來每塊手錶的時間顯示得都不相同，猛可不能確定那塊手錶上顯示的時間是正確的。群猴也發現，每當有猴子去詢問

猛可時間時，猛可總是支支吾吾回答不上來。猛可的威望由此而大降，整個猴群的作息時間也變得一塌糊塗。

團隊目標能夠有效地協調團隊成員的行動，使團隊成員有序地相互配合、互相支援，最終使整個團隊的績效快速提高。

團隊目標應該清晰明確，並具有唯一性。相互衝突的多重目標會使團隊成員感到困惑乃至迷失方向，最終造成整個團隊的紊亂和效率低下。

18 找出團隊名稱

遊戲主旨：
建立團隊形象，在一個團隊內建立起高度的凝聚力。

活動方法：
將整個團隊分成兩組，進行團隊命名比賽。

要求每個小組選擇一個最能夠代表團隊的名稱——一個很容易和團隊聯繫起來的名字。

讓每個小組輪流通過打手勢組字的方式來表示團隊的名稱，另一個小組則要試圖猜出他們要表達一個什麼樣的名字。

把兩個小組合併，然後一起討論，決定那個名字最能代表團隊並且解釋原因。

讓團隊想出並表演一個團隊的歡呼口號，這個口號將在每次他們取得成功的時候使用(用於慶祝一個小小的勝利，如又贏得了一個新

的客戶之類）。

遊戲討論：

1. 你所在的小組是如何選擇名稱的？
2. 你們小組的全體成員對這個名稱的滿意程度如何？
3. 確立一個團隊的形象有多重要？

只要用心，一切皆有可能

一個隱士計劃在大河上搭建一座橋，方便人們通行，他請所有的動物來幫忙。

大象用它有力的鼻子把巨石推進河裏，犀牛把沙土頂到河中，猩猩把木頭拉到河裏去，所有的動物都樂意為造橋貢獻自己的力量。

小松鼠在一旁看著大工程的進行，覺得自己實在太小，沒有辦法和它們一起工作。後來它想出一個好辦法，它在塵土中翻滾，讓全身沾滿泥土，然後快速跑向河邊，把身上的泥土抖進水中。松鼠一次又一次重覆著這樣做。

這一切隱士都看見了，就誇獎它說：「只要有心，即使一隻小小的松鼠也能有所成就！」

你的工作所取得成就的大小，完全取決於你的用心程度和奉獻精神。只要有心，即使一隻小小的松鼠也能有所成就！只要用心，一切皆有可能。

19 團隊問題在那裏

 遊戲主旨：
確定團隊內確實存在的問題。

遊戲材料：3 釐米×5 釐米的卡片若干。

 活動方法：

在一次團隊會議中，指出定期檢查團隊的凝聚力程度，合作程度以及成員的滿意程度的重要性。告訴團隊成員接下去的遊戲將是定期檢查項目。

將卡片分發給成員，並讓他們寫下對於你所提問題的回答。不需要署名。然後將卡片收集起來，翻看這些卡片，把上面的資訊綜合起來。在下一次會議上，把結果告訴他們。或者，你也可以讓一個志願者收集卡片，綜合資訊，並在下次會議上做報告。

向他們提出下列的問題：「如果你能夠讓團隊的任務、運作方式或你在團隊中的角色有所改變，你希望它是怎麼樣的？」鼓勵團隊成員誠實地回答問題，並告訴他們所有的答案都是匿名的。

把調查的結果告訴整個團隊，同時不要針對任何一個成員發表議論。

整個團隊一起討論、收集清單，並決定將那些建議付諸實踐，以及何時開始行動。

你應當向團隊作出反饋，簡單的概括他們提供的資訊以及你準備

如何解決他們提出的問題。

遊戲討論：

1. 你最喜歡自己在團隊中所扮演的角色或是所起作用的那一方面？你最喜歡你工作的那一方面？

2. 如果你有一天的機會做國王或王后，你最想改變團隊什麼？你最想改變公司什麼（你的工作、你的辦公室，等等）？

3. 我們怎麼做才能使你的工作更令人滿意（更容易、更有樂趣，等等）？

4. 根據你老闆自己的意願，他會回答你什麼？

5. 你同伴的願望是什麼？

6. 什麼阻止了我們去改變這些事情？

7. 通過這些改變，我們可能獲得什麼？

團隊合作的小故事

獅子、蚊子與蜘蛛

一隻蚊子向獅子發出挑戰說：「別看你貌似強大，可我一點兒也不怕你，你不見得比我厲害。你的那幾招如用爪子抓、用牙咬，也不過如此。我的身體雖小，卻不一定輸給你，不服氣的話，咱們可以較量較量。」

沒等獅子回答，蚊子就撲在獅子臉上沒毛的地方猛叮。獅子想壓死蚊子，滿地打滾，但沒有用；它又用爪子拍蚊子，卻抓傷了自己的臉，疼得直吼。

吸飽獅血的蚊子得意洋洋地哼著歌飛走了，沒飛多遠一不

小心粘在蜘蛛網上，卻被蜘蛛吃掉了。

　　寸有所長，尺有所短。團隊成員應認識到團隊中每個人的優勢和長處各不相同，不可盲目進行橫向比較。

　　團隊中的每個角色都在發揮各自獨特的作用，盲目進行相互比較是毫無意義的。

20 心目中的地圖

🔵 **遊戲主旨：**

　　讓團隊學員相互瞭解是破冰或建立信任的重要內容。「故地重遊」是一個讓團隊學員放開自己，開口談論自己的有效方法。

🔵 **遊戲時間：**小的團隊，遊戲時間為 10～15 分鐘。

🔵 **活動方法：**

　　在一塊開闊地上畫出北美洲的地圖，當然任何其他你曾經去過的大陸也可以。例如，樹的右側是紐約，而洛杉磯位於左側 15 英尺外的石頭旁邊，石頭後面較遠一點的地方是吉隆玻，巴黎則在樹後幾英尺遠的地方。注意，地方不要太多，距離不要太遠，因為你要讓學員之間相互能夠聽到。如果是在室內培訓，那麼在一張紙上寫上紐約，再在另外一張紙上寫上洛杉磯，等等，然後將它們分別放在 20 英尺見方的地板上。

　　在你畫好地圖之後，要求隊員：

走到自己吃過的最難忘的一頓飯的地方去（最好的、最壞的或最奇特的）。

當大家站好位置之後，確定所有的人都沒有超出聽力範圍。然後，讓每個人報告他們所在的地方，在那裏他們吃到過什麼。於是，你將聽到很多有趣的故事。顯然，這是一個特別適合在馬上就要吃午飯時做的遊戲。

當每個人說過後（如果團隊很大，可以只有一部份人說），可以再換一個主題。發揮你的想像力，任何適合團隊的話題都可以。但是，最好從不是很嚴肅的主題開始。例如，先以「最難忘的一頓飯」為主題，然後再涉及別的一些有思想性的主題。

其他的一些被證明能夠很好地引導自我披露的主題有：

到你出生的地方去。

如果金錢和時間都不是問題，到你希望去度假的地方去。

到你想在那兒至少生活 5 年的地方去。

到你獲得過最有價值的學習經歷的地方去。

遊戲討論：

讓每個人給一個簡明的回答，沒有必要進行討論，因為活動的目的僅僅在於讓團隊學員更好地相互瞭解、加深認識。經常有這樣的情況，一起共事好幾年的人，但相互之間除了工作以外卻知之甚少。在一個簡單的話題中人們往往能發現一些非常吃驚和有意義的東西，尤其是當主題為最有價值的學習經歷時。

小 故 事

看海與出海

一個從未看見過海的人來到海邊。海面上正籠罩著大霧，天氣又冷。「啊！」他想，「我不喜歡海，幸好我不是水手，當一個水手太危險了。」

在海岸邊，他遇見一個水手，他們交談起來。

「你怎麼會愛海呢？那兒彌漫著霧，又冷。」

「海不是經常都冷、有霧的。有時，海是明亮而美麗的。但不論何種天氣，我都愛海。」水手說。

「當一個水手熱愛他的工作時，他不會想什麼危險，我們家庭的每個人都愛海。」水手說。

「你父親現在何處呢？」看海的人問。

「他死在海裏。」

「你的祖父呢？」

「死在大西洋裏。」

「你的哥哥──」

「他在印度一條河裏游泳時，被一條鱷魚吞食了。」

「既然如此，」看海的人說，「如果我是你，我就永遠也不到海裏去。」

「你願意告訴我你父親死在那裏嗎？」

「啊，他在床上斷的氣。」看海的人說。

「你的祖父呢？」

「也是死在床上。」

「這樣說來，如果我是你，」水手說，「我就永遠也不到床

上去。」

　　當一個人熱愛他的工作時，他就不會想什麼危險，生活的幸福和充實也會隨之而來。在懦夫的眼裏，幹什麼事情都是危險的；而熱愛生活的人，卻總是蔑視困難，勇往直前——這就是看海與出海的區別。

21 信任百分百

✈ 遊戲簡介：

　　「信任百分百」也被稱為「疾風勁草」，是一個建立相互信任，使之成為一個具有凝聚力的團隊的很好的遊戲。必須注意，做這個遊戲前要先練習「堅強後盾」遊戲中的正確保護姿勢。

ⓘ 活動方法：

　　由 8～12 人肩並肩圍成一個緊密的圓圈。每個人都擺出正確的保護姿勢：兩腿微微彎曲，雙手抬起齊胸，兩腳一前一後分開。一個人站在圓圈的中間，兩臂交叉、雙膝繃緊，看著週圍的隊友，大聲地問他們是否準備好了接住他。

　　在得到大家堅定地回答後，中間的那個人閉上眼睛大聲說「我倒了！」然後身體筆直地倒向人們伸出的手上。大家溫柔地（當參與者為年輕人時尤其要強調這一點）將這個人沿著圓圈轉一圈。

　　當中間的人信任大家並允許大家這樣做的時候，臉上必定會洋溢出幸福的微笑。一分鐘後，中間的人會被大家扶起站正，然後回到圓

圈中。

當遇到如下情況時，應該立即叫停：動作過於粗魯、置中間人於不顧的過分玩笑、轉得太快、注意力不夠集中。這樣做的目的是學會相互關心，用別人期望你對待他的方式那樣去對待他。如有任何情感上的或身體上的不安全因素出現，應該毫不猶豫地阻止。「什麼方法是無效的？」這樣的經典問題可以幫助團隊評估他們的行為及其對他人的影響。

 遊戲討論：

信任是凝聚團隊的粘合劑。是否每個團隊學員都覺得足夠安全，並為此提出什麼要求或希望別人怎樣對待自己，大家是否相互關心，是否相互信任，團隊在這個遊戲中的表現最能說明問題。重點關注建立信任的態度和行為，為此後的培訓定下一個基調。

團隊合作的小故事

兔子吃了窩邊草

兔子三瓣長大了，離家獨立生活之前，兔媽媽反覆叮囑三瓣：「無論如何，都不要吃窩邊的草。」三瓣在山坡上建造了自己的家。為安全起見，它的家建有三個洞口。三瓣牢記母親的叮嚀，總是到離洞口很遠的地方去吃草。秋天過去了，一切安然無恙。

這一天刮著很冷的西北風，三瓣走出洞口時不禁打了個冷顫，它實在不想頂著大風到很遠的地方覓食，就在洞口附近吃了起來。「我只吃一點，明天天氣好了，我就遠遠地去覓食。」

三瓣安慰著自己，把肚子吃得滾圓。

　　過了幾天，下起了大雪，三瓣又在家門口填飽了肚子，不過這一回，它換了一個洞口。「我有三個洞口，每個洞口都有很多草。我不過是在天氣不好的時候，在每個洞口吃一點點草而已。」於是，在每一個惡劣的天氣，三瓣都找到了一個解決吃飯問題的捷徑。

　　一天，睡夢中的三瓣突然覺得異樣。它睜開眼睛，發現一隻狼堵在它的家門口，正試圖把洞口挖開。三瓣連忙跑向別的洞口，卻驚訝地發現，另兩個洞口已經被岩石牢牢堵住了！

　　「從你第一次吃窩邊草，我就知道這裏有隻兔子，可我知道狡兔三窟，摸不清另兩個洞口的位置，不好下手。」看著到口的美食，狼得意地說。直到這時候，三瓣才明白母親的教誨是多麼正確！

　　執行標準的確立並不困難，困難的是持之以恆、不找藉口、不打折扣地嚴格執行。

　　對管理者而言，只有嚴格地執行，才能讓組織在遠離危機的道路上快步前進，才能確保組織目標順利實現。

心得欄

22 矇著眼走路

遊戲簡介：不用語言，為一個矇著眼睛的人引路。

遊戲主旨：建立信任。

活動方法：

這個遊戲的名字稍微有點用詞不當，因為我們強制性地取締了人們的某種感官功能。但是，讓人驚奇的是，當一個人的眼睛被矇起來以後，其他的感官功能，如觸覺和嗅覺，將會得到極大地激發。

將團隊兩兩分組。其中一個人被矇上眼睛，然後在搭檔的引導下走完一段路程。

在其中一個人被矇上眼睛之前，搭檔之間可以充分交流，約定溝通信號。一旦矇上眼睛，兩個人均不可再說話。鼓勵別人提出採用特殊行為和非言語的交流方式的要求，將會促進搭檔之間的相互信任。有些人希望跟著擊掌聲走而不用攙扶；有些人則希望採用另一種方式，例如引導者在前側面一步遠的距離用手扶著矇眼人的前臂往前走。

引導者要小心謹慎地引導他的搭檔繞過障礙，並要隨時停下來讓搭檔知道前面的情況。不通過語言交流引導矇眼人行走，可以使這種獨特的體驗更加印象深刻。如果你想更加有創意，可以在路途中佈置一些繩子或桌子，讓他們爬過或鑽過。

安全：

教練必須時刻監控整個團隊，確保沒有人處於危險的狀況。除了很少例外，大部份成年人在這個遊戲中都會很好地照顧他們的搭檔。但在出現下列偶然發生的情況時，你必須立刻加以制止：當有些引導者試圖冒險帶領他的搭檔穿過堅硬的灌木叢時；當有人過於惡作劇傷害到別人時。

遊戲總結：

一些扮演矇眼人角色的人會發現這個非常簡單的遊戲能夠揭示深刻的道理。通過感官知覺信任自己的合作夥伴，並轉而讓合作夥伴信任自己，都是一種非常有意思的也是完全不同的體驗。因為這個遊戲依賴於運動知覺，所以由此產生的信任感是用語言交流所無法達到的。

遊戲討論：

在總結中，通過下面的問題設法將從體驗中得到的思想精髓遷移運用到日常的生活中：

這個活動與什麼相類似？

在這個遊戲中是否有人跨越了自己的心理舒適區？

你的搭檔的那些行為有助於你建立和維護完成這個任務所必需的信任？

如果你回到辦公室，你將會要求你的同事做那些事情以增強你們之間的信任？

你認為他們會希望你做些什麼？

當我們認為理所當然的東西消失了，這種變化會如何影響我們？

為了適應這種變化，我們該做些什麼？

 小 故 事

只瞄準自己的目標

老阿爸帶著自己的三個兒子去草原打獵。四人來到草原上，這時老阿爸向三個兒子提出了一個問題。

「你們看到了什麼呢？」

老大回答說：「我看到了我們手中的獵槍，在草原上奔跑的野兔，還有一望無際的草原。」

老阿爸搖搖頭說：「不對。」

老二回答說：「我看到了阿爸、哥哥、弟弟、獵槍、野兔還有茫茫無際的草原。」

老阿爸有搖搖頭說：「不對。」

而老三回答說：「我只看到了野兔。」

這時老阿爸才說：「是的，你答對了。」

一個能順利捕獲獵物的獵人只會瞄準自己的目標。我們有時之所以不成功，是因為看到的太多，想得太多，禁不住太多的誘惑，失去了自己的目標和方向。一個人只有專注於你真正想要的東西，你才會得到它。

23 彼此背靠背

 **遊戲主旨**：這是一種結果導向的溝通訓練。

遊戲時間：

　　畫一張圖形的時間限制在 10～15 分鐘。第二輪的時間應該比第一輪的時間短一些。

遊戲材料：

　　‧紙；

　　‧水彩筆；

　　‧一個簡單的圖形，可複印本書提供的圖形，也可以自己畫。

活動方法：

　　將團隊學員兩兩配對，然後讓他們背靠背而坐。給其中一個隊員一個本子和一隻筆，給另一個隊員一張畫有一個圖形的紙。持有圖形的隊員在不讓另外一個隊員看到圖形的前提下，指導他/她將圖形畫出來。

　　可以使用符號和比喻來形容這個圖形，但是不能運用幾何術語對圖形進行描述。例如，你的圖形是一個套著一個圓的正方形，那麼你在描述時就不能使用「圓」和「正方形」這兩個詞，但是可以用箱子或橘子形狀的這類詞來描述。到規定的時間後，讓他們將畫出的圖形和原始的圖形進行對比，並總結討論為何會得到這個結果。如果可以

的話，雙方互換角色，開始畫一種新的圖形。

 遊戲討論：

這個遊戲強調了在表達和理解一個想像中的物體時所遇到的困難。說者所說與聽者所聽之間的差異以圖形化的，通常也是戲劇性的方式表現了出來。這個遊戲對如何進行指導也提出了挑戰。無論你認為你發出的指令多麼清晰，如果這些指令對接受者而言並不清晰的話，那麼就不可能得到你所期望的結果。簡明的語言和及時的反饋是達到成功溝通的兩個關鍵因素。好的表達者知道逐步下達指令以及不斷地鼓勵是非常重要的。

你的搭檔說的那些話是有助於你畫圖的？

你是否向你的搭檔提問過或者告訴過他／她那些資訊對你畫圖是有幫助的？

在實際工作中是否有些非常重要的溝通無法通過面對面來進行，你如何能確保你得到的結果正是你想要的？

給一個員工以指導時，你如何檢驗對方是否理解？

一個好的指導者應具備什麼特點？

團隊合作的小故事

鱷魚來了快上岸

一群猴子在河邊的一棵樹上摘香蕉，有一隻小猴子為了摘稍遠的一掛香蕉不小心掉進了河裏。猴子們都不會游泳，看見在水裏撲騰的小猴子卻無能為力，只能在樹上乾著急。

一隻老猴看著在水中掙扎的小猴，急中生智，大喊一聲：「快

往岸邊游，後面有鱷魚來了！」小猴一聽，趕緊拼命地劃著水，居然游上了岸。

每個人都有無限的潛力亟待開發，用危機進行激勵，可以最大程度地發掘團隊成員的潛能。

管理者只有對團隊成員的潛能有充分瞭解，才能在危機中依靠激發團隊成員的潛能來化解危機，轉危為安。

24 盲人信任步行

遊戲主旨：

用一種不熟悉的語言完成「盲人信任步行」，這個遊戲適合於已經建立起信任的團隊。

遊戲時間：30 分鐘。

遊戲材料：眼罩。

活動方法：

由兩個團隊學員被指定為嚮導，這兩個嚮導將拿到一張由教練提供的秘密路線圖，圖中標有一些需要穿越的障礙。

給兩個嚮導一些時間，讓他們自己創造一門只有幾個詞的方言（這門方言不應該太複雜），然後把這門方言教給團隊中的其他學員。使用這門新創造的方言（通常是一些表示停止和前進、左和右等含義

的詞語），兩個嚮導要指引整個盲人隊伍沿著既定的路線前進。如果使用了其他任何語言，將被認為是冒犯了當地人並因此受到攻擊，所以只能使用方言。當整個團隊學習過這門方言後，讓隊員戴上眼罩，跟著嚮導前進。

情境：

你所在的團隊在國外旅行時所乘坐的大客車拋錨了，你們只要步行一段不長的路程就可以到達目的地，但是首先必須要通過一段軍事管制區。這裏的當地人對外國人持有高度懷疑的防備心理。通過無數熱線電話的聯繫，首都的權威人士終於同意你們步行通過這個區域而不用在原地等候若干天直到大客車修好。但是，他們要求必須遵守兩條規則：在通過這個敏感地帶時，所有人必須矇上眼睛而且只能說當地的方言。

安全：

注意監控團隊成員的行動，尤其是在穿越圓木或門口等障礙時。

遊戲討論：

從這個遊戲可以聯想到一個與現實生活非常相似的情況。在你們對處境還缺乏掌控的時候，例如團隊中發生了重大變化或者團隊結構經過重組等等，你們將如何去打開局面。向全體隊員提出如下的問題：

你們經歷過什麼樣的挫折和壓力？

你們是如何應對這些挫折的？

必須依靠難於溝通的人是怎樣一種狀況？

在黑暗中只有極少的資訊來引導你，是否與重大組織結構變化下的情況相類似？

你們怎麼應對這種情況，你們會問什麼問題？

嚮導是用什麼（語言或非語言）的溝通手段使你們信任他們的？

當你們面對壓力不得不依靠別人的時候如何在辦公室裏重建信任？

小 故 事

讓鯨魚躍出 6.60 米水面

假如你看到體重達 8600 公斤的大鯨魚，躍出水面 6.60 米，並向你表演各種雜技，你一定會發出驚歎和歡呼。是有這麼一隻創造奇蹟的鯨魚，它的訓練師披露了訓練的奧秘：

在開始時，他們先把繩子放在水面下，使鯨魚不得不從繩子上方通過，鯨魚每次經過繩子上方就會得到獎勵，它們會得到魚吃，會有人拍拍它並和它玩。訓練師會逐漸把繩子提高，只不過提高的速度必須很慢，這樣才不至於讓鯨魚因為過多的失敗而感到沮喪。

如何讓鯨魚躍出 6.60 米的水面？首先給手中的「繩子」定個合適的高度，欣喜地看到每一個進步，及時予以鼓勵和肯定，奠定信心，而不是讓失望沮喪的情緒籠罩著，離目標越走越遠。

心得欄 ----------------------------------

----

25 團隊站起來

遊戲簡介：

不能有任何與地面的接觸，全體團隊學員必須一起站到一塊小木板上。

遊戲主旨：培訓出相互合作解決問題的能力。

遊戲時間：

這通常是團隊做的第一個遊戲，所以無時間限制。

遊戲材料：

可以使用 3 英尺×3 英尺大小的油布作第一次嘗試，然後將其折疊變小增加挑戰性。小塊的地板也適用。膠合板雖不便於攜帶，但能使遊戲更精彩。

一塊 20 英寸×20 英寸大小、3/4 英寸厚的膠合板對一個由 8～10 個成年人組成的團隊是很有挑戰性的。對一個大型團隊或者為了降低難度，可以使用 23 英寸×23 英寸大小的膠合板。可以在膠合板底部的四個角上釘四個 2 英寸×4 英寸的飾釘以提高膠合板的高度。

活動方法：

這是一個很好的入門性遊戲，它可以帶來歡樂並發人深省。根據團隊的規模，在地上放一塊油布或膠合板作為救生筏。學員被告知他

們的船觸礁了，必須棄船。

　　有很多饑餓的鯊魚很快會出現。全體團隊學員必須使每個人都爬上救生筏才可能被海岸護衛隊的直升機營救。直升機營救他們的必要條件是，全體學員不接觸海水（地面）10 秒鐘以上。

　　假如團隊的第一次嘗試很容易就獲得了成功，就通知學員，直升機必須返回維修。然後，將油布的一個或幾個角折疊起來，或用一塊更小的膠合板，激勵團隊再做一次。

安全：

　　因為不平衡，團隊成員有可能向一邊跌倒，所以培訓師需要做好監控。為了安全起見，任何人不允許騎在另一個人的肩上或背上。

 遊戲討論：

　　觀察團隊在開始完成任務之前是否有組織安排。可以提問的問題如下：

　　是否有一個大家都理解並據此執行的方案，或者只是一次源於個人努力的競賽活動？

　　是否有不同意見提出來並進行了討論？

　　團隊有沒有跳出任務來看問題或者考慮過最佳方法？

　　解決方案怎樣發現的？

　　學員們是否與身體條件同自己差不多的同伴作配合，或者只是抓住了一個自己認為最好的同伴進行合作？

　　學員們對質量是否敏感，或者在 10 秒鐘的報數時間內是否與地面有接觸？

　　學員們在成功完成任務後是否進行了慶祝？

　　團隊學員的貢獻是否得到了認可？

┌─────────────────┐
│ **團隊合作的小故事** │
└─────────────────┘

狐狸不該太自負

　　狐狸和獅子合作捕食，狐狸負責尋找獵物，獅子負責捕殺獵物，得到的獵物兩人分享。但過了不久，狐狸心裏就不平衡起來：「沒有我去尋找獵物，獅子早就餓死了。它憑什麼要分享那麼多？」於是，它離開了獅子，自己單獨去捕獵。

　　有一天，狐狸去羊圈抓羊時，被獵人和獵狗抓住了。

　　團隊成員只有客觀認識團隊其他成員的作用和價值，才能夠融入到團隊之中，才能在有效的相互協作中實現自己的價值。

　　團隊成員如果缺乏對他人價值的科學認識，人為地放大自己在團隊協作中的作用，最終受到損害的只能是自己。

26 呼拉圈漫步

遊戲簡介：團隊一起穿越一個由若干呼拉圈構成的迷宮。

遊戲主旨：培訓團隊的溝通能力。

遊戲時間：10～20分鐘。

遊戲材料：8個或者更多的呼啦圈；大號的耐用的橡皮帶。

活動方法：

在地上放置 8 個或更多的呼啦圈，這些呼啦圈可以一個緊挨一個，也可以相隔 1 英尺的距離。將學員密集集中到這些呼啦圈的某一端，用大號的橡皮帶把學員們的腳踝連接起來。這樣，當一個隊員移動時，其他學員也必須跟著移動。

規則：

團隊必須依次通過每個呼啦圈，途中不可以踩到呼啦圈的外邊。

團隊必須決定通過這些呼啦圈的路線。

踩到呼啦圈外者將受罰（減少時間、重新開始或者變成啞巴，等等）。

遊戲討論：

學員們如何協調他們的步伐？

團隊如何決定他們向那一個呼拉圈移動？

站在呼啦圈前部、後部、中心的人，分別代表什麼？

什麼因素可導致活動失敗，為什麼？

在平時的工作中，團隊是否也會陷入類似的困境？

 小 故 事

生命的最後三件事

一巴士司機在行車途中突然心臟病發作，在生命的最後一分鐘裏，他做的三件事：

第一件事，把車緩緩地停在路邊，並用生命的最後力氣拉下了手動煞車閘；

第二件事，把車門打開，讓乘客安全地下了車；

第三件事，將發動機熄火，確保了車和乘客的安全。

他做完了這三件事，趴在方向盤上停止了呼吸。

他只是一名平凡的巴士司機。他在生命最後一分鐘裏所做的一切也並不驚天動地，然而許多人卻牢牢地記住了他的名字。

平凡的崗位平凡的人，我們沒有想過要成為什麼名人、英雄，有點敬業精神、負責任的態度，就是一個合格的社會人。對的世界，就是一個充滿責任的世界。

27 尋找寶物

遊戲簡介：全體學員戴上眼罩後尋找三件物品。

遊戲主旨：假設轉換與高效率。

遊戲時間：

15～20 分鐘，如果團隊有要求，培訓師可以作為計時員。

遊戲材料：

· 透明膠帶；

· 3 個小玩具或其他物品；

· 眼罩若干。

活動方法：

要求團隊成密集隊形集合。把他們即將要尋找的東西展示給他們，讓學員們互相之間走近一點，然後把眼罩戴上。在學員們把眼罩戴上之前，讓他們知道你將用透明膠帶在團隊週圍纏繞若干圈。

告訴學員們，剛剛給他們看過的三件物品在他們週圍 30 英尺的區域內。

每件物品的質地、形狀、大小都適合握在一隻手裏。

在不能弄斷透明膠帶也不能摘下眼罩的前提下，團隊的任務是找到物品並識別它(例如：一隻塑膠恐龍)。

替代在課桌裏尋找物品的辦法是讓團隊變換場地。時間成了稀缺品，學員們必須儘快到達目的地。不斷督促學員快跑而且不能弄斷膠帶。有時候智慧之光會被突然點亮，學員們會取下膠帶以確保不被弄斷。

安全：

在沒有坑也沒有石頭的平坦地面上做這個遊戲。

用「選擇的挑戰」這樣的術語來定義這個活動，可以使人們在心理上保持安全感。

提醒大家在四處搜索的過程中，應確保他們的「保險杆」(手)始終連在一起。

遊戲討論：

有不同的主意被考慮和評估了嗎，團隊是否非常緩慢地在規定區域內進行探索？

是否有不成文的規則在起作用，這些規則來自那兒？

團隊是否意識到不弄斷膠帶並不意味著它們必須保持一種非常不舒服的狀態？

我們的假設是否經常影響到我們如何去完成任務？

在實際工作中，有什麼樣的假設阻止了團隊採用最佳的方式開展工作？

什麼樣的突破性思維有助於發現最佳的工作方式？

團隊合作的小故事

龜兔成為奪冠組

兔子和烏龜經過多次賽跑，互有勝負。

後來，它們放棄一比高下的想法，成了好朋友。它們一起檢討，發現了各自的優點和弱點。

「我們為何不取長補短，組成一個團隊去和別人比賽呢？」兔子建議。烏龜覺得有道理，便同意了。

幾天後，他們參加了動物界的接力賽跑。烏龜和兔子一起出發，路上是兔子扛著烏龜，直到河邊。烏龜又背著兔子過了河。到了河對岸，兔子再次扛著烏龜。結果，它們成了唯一一個跑完全程的小組，自然得了冠軍。

團隊成員在對團結協作取得一致認同後，只有以自己的優點來彌補對方的缺點，才能最終取得雙贏的結果。

團隊成員之間團結一心、取長補短，使「1＋1＞2」成為可能，使團隊協作更有效率。

28 大家一起玩拼圖遊戲

遊戲主旨：

人多是否一定力量大呢？不一定，這需要多方面的配合，其中團隊內的團結合作精神是最為重要的。

遊戲人數：不限，合理分組

遊戲時間：10 分鐘

遊戲材料：拼圖遊戲盒若干個

遊戲場地：不限

遊戲應用：

(1)團隊合作的訓練

(2)團隊中有效組織和分工的訓練

活動方法：

1. 將與會者分成 5 個小組，第一組 1 人，第二組 2 人，第三組 4 人，第四組 8 人，以此類推，後一組的人數是前一組人數的一倍。

2. 發給每一個小組一個拼圖盒，每一個盒子中都有一幅大約由 200 多片組成的拼圖。每個小組的任務就是要在一定的時間內按照盒

子上的圖案拼出畫面,越多越好,完成拼圖小紙塊最多的小組為贏家。

3. 最後對各個小組的人數、完成總數、人均完成數進行統計,製成表格。

附表：一次拼圖遊戲統計表			
組數	人數	完成小紙塊個數	人均完成個數
第一組	1	20	20
第二組	2	30	15
第三組	4	50	12.5
第四組	8	70	9
第五組	16	90	6

遊戲總結：

1. 人多力量大在一定程度上是成立的,人多的小組完成的總數應該是要多的。但是人多的時候效率卻大大降低了,而這主要是由於集體間合作的不完善所致,承擔責任不明確,責任重疊,分工不明都將導致集體效率的降低。反之,只要我們克服了這些就能充分體會到人多力量大的含義。

2. 要想達到責任明確,事先的計劃和討論是非常重要的。

遊戲討論：

1. 表中的人數和人均完成數之間呈現出什麼樣的規律?人多一定力量大嗎?

2. 我們怎樣克服這一點?你是否能利用表中的數據說明這一點?

小　故　事

飛翔的蜘蛛

　　一天，一隻黑蜘蛛在後院的兩簷間結了一張很大的網。難道蜘蛛會飛？兩個簷頭中間有一丈餘寬，第一根線是怎麼拉過去的？後來，只見蜘蛛走了許多彎路，從一個簷頭起，打結，順牆而下，一步一步向前爬，小心翼翼，翹起尾部，不讓絲沾到地面的沙石或別的物體上，走過空地，再爬上對面的簷頭，高度差不多了，再把絲收緊，以後也是如此。

　　信念是一種無堅不摧的力量，當你堅信自己能成功時，你必能成功。蜘蛛不會飛翔，但它能夠把網淩結在半空中。它是勤奮、敏感、沉默而堅韌的昆蟲，它的網織得精巧而規矩，八卦形地張開，仿佛得到神助。這樣的成績，使人不由想起那些沉默寡言的人和一些深藏不露的智者。蜘蛛不會飛翔，但它照樣把網結在空中。奇蹟是執著者創造的。

29 「人猿」集中營

🅔 遊戲主旨：

　　本遊戲就是利用一個耳熟能詳的人物故事作為引子，將大家帶到一個令人激奮的挑戰之中。本遊戲培養個人挑戰和團隊激勵的能力，增強團隊決策和團隊合作精神。

　　這是一個突出團隊合作和團隊進取意義的遊戲。

遊戲人數：大概 15 人一組。

 遊戲時間：每組不超過 40 分鐘。

 遊戲場地：可以實施遊戲規則中的描述場景。

 遊戲道具：定做好的平台、足夠的繩索、眼罩。

 活動方法：

　　一群到非洲原始森林旅遊的旅客，無意中闖進了食人部落的領地。好在大家都比較機靈，沒有被食人部落當場抓住，但食人部落既然發現了他們，肯定不可能輕易甘休，紛紛出動抓捕這群旅客。

　　旅客們集體逃到一處懸崖，懸崖對面有一孤峰，面積並不是太大，而且週圍也是峭壁，肯定沒有下去的道路。但比起在懸崖這邊等待食人部落的抓捕，則懸崖對岸可以獲得暫時的安全，等待外部救援到來。大家花了一些時間在懸崖這邊一棵結實的樹上拴了一條由樹藤編織的繩索，大家必須盪到對面的孤峰上才能脫離危險。

　　按照估計，大概 40 分鐘之後食人部落的人就會追到這裏，所以大家的行動一定要快。

　　孤峰平台看起來並不大，也不知道能不能容下整個旅遊團的人……

　　1. 根據具體場地安排適當數量的學員參與，以 60 釐米左右見方的平台為例，每組 15 名成員比較合適。

　　2. 首先設置好場地，在一棵大樹上找一個結實樹杈，或者在人工場地中定制一根支架。在其上拴一條繩子，繩子要結實可靠，並具有足夠的長度，可以讓學員從地面盪到 4 米左右開外的平台上。

3.平台置於繩子垂直觸地處大約 4 米，高度適宜，根據具體環境由培訓師確定，但平台的支架一定要牢固，不能因為搖晃或者重壓而壞掉。

4.將學員帶到場地之後，先向大家介紹「人猿泰山」這個人物，然後宣佈這個項目就是需要大家類比泰山的動作，完成一個高難度的任務。

5.設定遊戲背景：

宣佈遊戲開始之前，在繩索到平台之間距離繩索垂地大約半米處畫一條線，宣佈那條線就是懸崖邊界，所有人都不能靠步行越過那條線。

鼓勵大家積極合作，儘快脫離危險，並宣佈遊戲開始。培訓師監控安全事件，並記錄各小組完成的時間。遊戲結束之後，組織大家進行相關討論。

遊戲討論：

1.任務明確之後，小組是如何進行決策的？有沒有形成決策團隊？

2.大家對任務完成的預期如何？最後結果如何？

3.為了完成任務，需要考慮那些方面的因素？在執行中，有沒有意外因素出現？

4.有沒有臨時退縮寧願被食人部落抓住也不願意冒險的成員？是出於什麼考慮？

5.在平台上有多少種辦法可以增加空間的利用？這些方法有沒有經過驗證，效果如何？

6.個人的積極表現對於完成整個任務有無有利影響？體現在那些方面？

7. 團隊有沒有考慮放棄一些成員，以便大家在平台上更加安全？最後實際執行了嗎？因為什麼原因沒有執行或者執行了？

8. 那些成員對於任務的完成起到了關鍵作用？具體體現在那些方面？

9. 最後成功完成任務的心情如何？如果沒有成功，會有什麼樣的心情？

10. 效率最高的小隊採用了那些措施？是否可以在實際中進行相應的運用？

✈ 遊戲總結：

1. 本遊戲具有較大的挑戰性，在宣佈遊戲規則時，要適當注意參加學員的承受能力，也可以選擇較為緩和的介紹方式。

2. 如果團隊實力很強，可以適當增加遊戲難度，將其中兩三名學員的眼睛蒙上參加。

3. 如果團隊不能儘快形成決策，將會嚴重影響後面行動的實施。當團隊出現這種情況時，培訓師可以根據情況進行適時提醒。

4. 要注意平台採用的木板要有足夠的承重能力，並且稜角不能太過分明或者殘留鐵釘之類的物件，避免使學員受傷。

5. 提醒學員儘量不要採用疊羅漢的方式來利用空間，這樣會增加危險的發生；如果學員堅持使用，那麼只能允許平台中間兩三人使用。

6. 對於一些比較陌生的學員，可能在緊密接觸下會產生不安，培訓師可以用模仿場景進行勸誘；如果對方實在不能適應，那麼可將其留在最後一位，等其他人都完成任務時再讓其退出團隊任務，這時需要注意不影響其餘熱情參與學員的積極性。

團隊合作的小故事

團隊成員之間需要配合

　　有三個人被主管派去栽樹，其中一個人專門負責挖坑，一個人專門負責插樹，一個人專門負責填土。大家分工到位，工作效率也很高。可是，有一天，栽樹的人沒有來，其他兩個人還是按照先前的分工在幹活，一個挖坑一個填土，樹放在旁邊沒人管。路過的人很不解，便問：「你們在幹啥啊？」

　　其中一個人就回答：「我們在栽樹。」

　　路人問：「那我怎麼看見坑裏沒有樹呢？」

　　那個人答道：「我們大家是分工負責的，今天我們栽樹的人病了，但是我在幹我的活啊！所以他負責挖坑，我負責填土，至於有沒有栽樹那不是我們的事，那是他的事。」

　　團隊合作不是簡單地分工了事，團隊合作需要獲得最終的績效最大化，否則分工就失去了意義。團隊成員的工作績效應該用團隊的績效來衡量，而不是看個人做了多少。

心得欄

30 團隊力量解決問題

 **遊戲簡介：**
從一片有毒區域中取回一枚蛋，並不觸及這片有毒區域的地面。

遊戲主旨：突破傳統思考模式，以團隊力量解決問題。

遊戲時間：20 分鐘，可根據團隊的具體情況而定。

遊戲材料：
· 登山繩；
· 15 英尺長的繩網；
· 眼罩；
· 雞蛋（也可以是一杯水和一隻橡膠青蛙）；
· 膠帶（足夠圍成一個直徑為 15 英尺的圓圈）；
· 登山學員用的頭盔。

活動方法：
在一棵大樹旁邊的地面上畫一個大圓圈。在圓圈的中心放一枚稀有的瀕危動物的蛋。因為這個圓圈以內的區域是有毒的，所以沒有人能進去，除非帶上眼罩和頭盔。任何物體（除蛋以外）不能夠觸及圈內的地面。

一根登山繩、繩網、眼罩和頭盔放置在附近。在這枚蛋被大火燒

毀之前，團隊有 20 分鐘時間去把它取回來。

規則：

任何觸及圈內地面的物品將被損壞或摧毀，任何觸及圈內地面的人都會受到嚴重的「傷害」。因為煙霧有毒，所以進圈內的人必須戴眼罩和頭盔保護他們的眼睛和頭。只可以使用培訓師提供的器材。

無論什麼樹只可以利用 6 英尺以下的樹幹，上面的樹枝不可使用。

該遊戲能說明利用腦力激盪法提出解決問題的方法，然後選擇一個好的，再去驗證它，是十分重要的。大多數團隊想到的第一個辦法是把繩子綁在樹上，然後手拉手地把人送出去。但這個辦法不是最好的。

安全：

攀附在繩子上移動的人一旦離開地面就必須有人保護他/她的安全。

培訓師要經常檢查團隊打的繩結，以確認它們是否牢固。

攀附在繩子上移動的人離地的高度最多不可以超過 2 英尺。

該遊戲對少於 10 人的團隊，特別是團隊學員的身體素質不夠好的話，會有諸多不便；反之，12 人以上的團隊便能很好地解決體重的問題。

注意濕滑的地面。

 遊戲討論：

團隊是如何開展腦力激盪的？

是否有人迫不及待地動用繩子，而此時還有人仍在嘗試著制定計劃？

是否每個人都充分表達了自己的觀點？

所有的點子都被考慮到了嗎？

最後採用的辦法是如何被選擇出來的？

在執行方案之前團隊是否進行了驗證？

在每個方案中是否都考慮了如何引導盲人不接觸地面而將雞蛋取出的細節？

盲人完全依靠其他人才能完成任務的情況與什麼相類似？

沒有團隊中所有成員的全身心投入能否完成這項任務？

團隊合作的小故事

狼王為何加緊鍛鍊

　　一隻身強體壯的年輕公狼戰勝了來自狼群內部的所有對手，順利地登上了狼王的寶座。做了狼王后，它更加勤勉，除了帶領大家覓食、嬉戲、管理狼群內部事務之外，還組織群狼操練格鬥技術演練戰鬥陣型，因為在它們領地的邊緣還有三個狼群虎視眈眈，伺機入侵它們的領地。

　　經過狼王及群狼的努力，它們成功地發動了幾次針對伺機來犯狼群的戰鬥並趕走了它們，解除了這些狼群對自己領地的威脅。

　　領地的威脅解除後，群狼以為狼王這下可以舒一口氣了，大家也不必像從前一樣辛苦了，可沒想到狼王的訓練強度卻加大了。狼王不僅嚴格訓練群狼，自己的鍛鍊強度也加倍了。群狼對此很不理解，於是派代表去請教狼王。

　　狼王瞭解到大家的困惑，便找了一個機會向大家說明了自己的看法。狼王說：「我作為狼王有兩個主要職責：一是保護並擴張自己的領地，使大家生活無憂；二是保住自己的王位，儘

量使自己在狼王的位置上能呆得久一點，這樣不僅我的許多想法可能實現，而且可以多為狼群做一點事情。雖然我現在打敗了所有的競爭者成了狼王，但新的競爭者會不斷出現；雖然我們現在趕走了窺視我們領地的狼群，但必然會有更強大的敵人出現。我們只有不斷提高自己，才有立於不敗之地的可能。我們的對手不是別人，而是自己。我們只有不斷挑戰自己，強迫自己提高，才能有效地保護和發展自己。」

聽了狼王的講述，群狼恍然大悟。

未雨綢繆方能臨危不亂。外部競爭會帶來危機，管理者應帶領團隊成員做好應對外部危機的充分準備。

生於憂患，死於安樂。團隊的管理者只有具備較強的憂患意識，並將這種意識傳遞給團隊中的每個成員，才能在危機來臨時做到臨危不亂。

31 訓練你的領導力

🄕 **遊戲簡介**：組成一個多邊形。

🄔 **遊戲主旨**：培養學員的團隊精神與領導力。

🄢 **遊戲時間**：

大約 20～30 分鐘，可根據團隊人數和他們的能力來調整時間的長短。

遊戲材料：

· 一根 60～100 英尺長的繩子（繩子長度可酌情減短）；

· 每個學員一個眼罩。

活動方法：

在一個開闊的地方，學員們帶上眼罩然後接受任務。在附近的地上放置一根足夠長的繩子。一旦學員們找到繩子，他們就必須依此組成一個正六邊形。

規則：

繩子必須被充分利用。

每個人必須接觸繩子。

可以向培訓師詢問時間進程。

多邊形必須等邊。

安全：

必須選擇一處沒有坑和其他障礙物的場地。

實時監控，避免學員們相互碰撞或者碰撞障礙物。

變通：

有很多的花樣可以加到遊戲中。可以將「深夜逃亡」遊戲作為一種比較複雜的變形。假如團隊希望多一點挑戰性，可以使用兩根繩子，並要求它們在一個房子頂上裝一個房頂——一個正方形頂上加一個三角形。或者，要求他們形成一個帶有車庫的房子，然後停一輛車（另一個正方形）在車庫裏面。

另一種變化是為傳遞指令加大困難。隊長能看到他的團隊，但被安置在與團隊有一定距離的地方。指定一個信使負責傳達隊長的命令。信使只能傳達隊長的命令和團隊給隊長的回覆。在團隊解決問題的過程中，資訊不停地來回傳遞，因此信使必須有足夠的體力。這一

變化設置了一個生動的討論內容，即，指揮部和前線的作用及其雙方必然存在的對同一問題的不同的看法。

第三種變化是培訓師利用它來說明有關資訊共用，團隊目標，團隊角色等問題。在學員們戴上眼罩之前發給每個隊員一張 3 英寸×5英寸大小的卡片，卡片上寫有專門的指示。其中的六張卡片上這樣寫道：你是一個角。在另一張卡片上則這樣寫道：完成任務所需的器材在地上。其他的卡片上也都有一條資訊，例如：你們必須在 20 分鐘時間內完成任務，器材必須充分利用，你是一個團隊的激勵者，你是計時員，你是隊伍中持懷疑觀點的人，你們的任務是組成一個六邊形，每個人至少有一隻手接觸資源，等等。團隊在閱讀完這些資訊後，馬上戴上眼罩開始做遊戲。

小 故 事

別只看見你自己

一位傲氣十足的大款，去看望一位哲學家。

哲學家將他帶到窗前說：「向外看，你看到了什麼？」

「看到了許多人。」大款說。

哲學家又將他帶到一面鏡子面前，問道：「現在你看到了什麼？」

「只看見我自己。」大款回答。

哲學家說：「玻璃窗和玻璃鏡的區別只在於那一層薄薄的水銀，就這點可憐的水銀，就叫有的人只看見他自己，而看不到別人。」

人們通常只看見自己，看不到別人。哲學家的話讓大款明

白了一個道理：人貴有自知之明，無論你的成就有多高，一定
要清楚天外有天，人外有人，時刻保持謙虛和謹慎。

32 大型積木遊戲

遊戲簡介：
按照原來的次序重新組裝一個大型的積木。

遊戲主旨：培養學員在團隊中的互相合作。

遊戲時間：10 分鐘計劃，15 分鐘組裝。

遊戲材料：
- 12～20 塊的大型積木；
- 150 英尺長的繩子或有類似功能的膠帶；
- 6 種不同類型的噪音發生器；
- 一張積木依據顏色、大小及位置組合在一起的結構圖；
- 用繩子或膠帶圍成一個直徑為 15～20 英尺的圓圈。

活動方法：
　　兩組大型的塑膠磚塊放在一個由繩子圍成的圓圈內。邀請樂意帶
上眼罩作業的學員進入圈內，調整人數，使圈內外的人數相等。
　　請每個人研究一下這些積木。不能做筆記或畫草圖。在學員們把

積木的排列次序記到腦子裏後，要求圈內的學員戴上眼罩。把這些積木的排列次序打散並隨機地散放在圓圈內。只能從看得見的學員那裏得到極其有限的幫助，主要靠盲人把這些積木按照原來的次序組裝到一起。

規則：

當計劃時間結束後，盲人就要戴上眼罩，從此圈外的學員只能通過製造聲響與圈內的學員進行溝通。

盲人之間可以相互說話，也可以向圈外的學員提問。

圈外的學員不能觸碰圈內的如何東西。一旦積木被打散後，圈外的學員之間就不能再說話，除非在指定的遠離圓圈的區域內，他們之間才可以說話。

任何人不得做筆記或畫草圖。

變通：

一種比較有趣的變化是檢驗一個人處理模棱兩可問題的能力。在將團隊分成兩組的時候，培訓師應該問隊員誰願意當盲人。然後，請這一半人找一個舒適的遠離另一半人的地方坐下來，並戴上眼罩。一個看得見的人將一小部份積木（4～5 塊）放到一個盲人的前面。通過擊掌或製造聲響，看得見的人要指導盲人將這些積木按照正確的次序組裝起來。自然地，這個盲人對所進行的事一無所知。他只能通過提問並從得到的「是」和「否」中斷定如何去完成它。

這是一個很好的遊戲，可用來說明在開始一項新的工作或者在不熟悉的環境下如何開展工作的問題。在今天這個變化莫測的世界裏，處理模棱兩可問題的能力是一種非常有用的，甚至可以說是必要的本領。這個遊戲可以幫助我們提高或掌握這種本領。

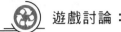

遊戲討論：

當任務完成後，給團隊一張積木原來的結構圖，讓他們自己評價自己的工作。他們的成功程度，與其他的遊戲類似，這通常取決於團隊的組織能力。盲人依靠別人傳遞資訊，而這些資訊在多數情況下只能通過「是」與「否」來表示。在這種情況下，對別人來說，你必須提出恰當的問題才可能得到恰當地答覆。

團隊是否將任務進行分解？

每個圈內的人是否都有一個圈外的搭檔，他們是如何合作的？

完成了自己的任務的人是否幫助了那些尚未完成任務的人？

溝通信號是否一致且被全部成員理解？

團隊學員之間有無競爭？

為了獲取正確答案而要提出恰當問題的難度有多大？

團隊合作的小故事

得罪了腳要吃苦

一天，耳目口鼻開會並發佈宣言：「我們位置最高，何等尊貴。那腳，位置最低。我們不能與它相處太密切，稱兄道弟的。」腳聽了，也不與它們計較。

過了幾天，有人宴請，口心思癢癢的，想一飽口福，但腳不肯走。結果口無法赴約。又過了幾天，耳想聽聽鳥叫，眼想看看風景，而腳也不肯走，耳目也無可奈何。大家便商量改變原來的決議。但鼻不肯，說：「你們都有求於腳，可我並沒有，它能拿我怎麼辦呢？」

腳聽了，便走到骯髒的廁所前，長久站著不動。汗臭的氣

味，撲鼻直人，令人噁心。腸和胃大聲埋怨道：「它們在那裏鬧意見，卻苦了我們！」

團隊裏面的每一個成員都是有用的，應該互相尊重，相互協作，而不是互相排斥、相互抵制。

團隊成員應該客觀認識各自的作用，不要抬高自己或貶低他人。只有正確認識自己和他人的長處和優點，才能在工作中相互協助，取長補短，實現團隊利益的最大化。

33 運送物品

遊戲簡介：

利用一個由繩子與一個金字塔形狀的架子組成的起重機運送一件物品。

遊戲主旨：培訓學員如何利用團隊力量來解決問題。

遊戲時間：

如果起重機是預先組裝好的，可規定完成任務的時間為 30 分鐘。每增加一件物品，可增加 10 分鐘——特別說明，這些物品必須一個挨一個地堆放起來。如果組裝起重機也是任務之一的話，再多給 30 分鐘。

遊戲材料：金字塔形起重機（可從英代爾公司買到）。

活動方法：

在室內或室外組裝金字塔形起重機。將需要運送的一件或若干件物品放在地上，確保這些物品可以用抓鬥抓起。給團隊下達任務，並給他們上一堂短課，介紹金字塔形起重機的工作原理。可以安排 8～16 人操作起重機。

對渴望挑戰的團隊，可以將起重機的零件與安裝操作說明書直接交給他們。最好讓如何組裝和操作起重機成為團隊接受的挑戰之一。

規則：

為了避免不幸的災難發生，一旦起重機組裝好後，就不允許任何人再踏入用繩子圍起來的區域內。

只能利用「抓鬥」抓起或運送物品。

不能用別的東西去抓「抓鬥」。

遊戲討論：

團隊是如何組織或重建的？

團隊是如何解決問題的，零碎的還是系統的？

有人認為他們的意見沒有被聽取嗎？

存在性別問題嗎？

你是否發現自己正在被失去關注和「驅逐出境」？

為使自己重新投入到團隊協作中去，你做了什麼？

有努力鼓勵所有團隊成員參與嗎？

對任務是否存在模糊或困惑？團隊是如何對待模糊或困惑的？

你是否經常關心團隊的其他人正在做什麼，有人經常關注團隊的每個人正在做什麼嗎？

 **小 故 事**

站 起 來

一位父親很為他的孩子苦惱。因為他的兒子已經十五六歲了，可是一點男子氣概都沒有。於是，父親去拜訪一位禪師，請他訓練自己的孩子。

禪師說：「你把孩子留在我這邊，三個月以後，我一定可以把他訓練成真正的男人。不過，這三個月裏面，你不可以來看他。」父親同意了。

三個月後，父親來接孩子。禪師安排孩子和一個空手道教練進行一場比賽，以展示這3個月的訓練成果。

教練一出手，孩子便應聲倒地。他站起來繼續迎接挑戰，但馬上又被打倒，他又站起來……就這樣來來回回一共16次。

禪師問父親：「你覺得你孩子的表現夠不夠男子氣概？」

父親說：「我簡直羞愧死了！想不到我送他來這裏受訓三個月，看到的結果是他這麼不經打，被人一打就倒。」

禪師說：「我很遺憾你只看到表面的勝負。你有沒有看到你兒子那種倒下去立刻又站起來的勇氣和毅力呢？這才是真正的男子氣概啊！」

很多人只是關心表面的東西，而忽視了實質的內容。勇敢和有魄力並不僅僅表現為打倒別人，同樣也表現為一種愈挫愈勇的戰鬥精神，只要站起來比倒下去多一次就是成功。

34 團隊的智慧

遊戲主旨：

　　大家都玩過詞語接龍或續寫故事的遊戲，前一個人為一個故事起了個開頭，大家就按照這個思路把故事接下去，一直到形成一個完整的故事為止。這個遊戲就是將上述形式深化了一下，目的在於讓受訓者明白如何在受限制的情況下發揮想像力和創造力。

遊戲人數：2 人一組

遊戲時間：40 分鐘

遊戲材料：一塊黑板

遊戲場地：室內

遊戲應用：
(1)活躍氣氛
(2)創造性地解決問題
(3)團隊溝通

活動方法：

　　1. 將受訓者兩兩分組，做一個與某個話題(可以任意選擇，只要

大家感興趣，例如旅遊)有關的演出。

2.指定每組的兩個成員中，一人為 A，一人為 B。被稱為 A 的人是這場遊戲的演員，被稱為 B 的人是 A 們的台詞提示者。

3. B 組挨著 A 組的同伴站著，當輪到自己的角色說話時，就會把台詞告訴 A。而每個 A 組成員的任務就是接受 B 同伴提供的任何台詞，在此基礎上再加以發揮，把戲演下去。A 組成員要密切配合 B 成員的意思，好像這些台詞就是他們本人想出來的一樣。

4.為了使受訓者充分理解培訓者的意圖，培訓者可以先做一下示範。挑選一位學員後，培訓者開始說：「我非常想和你一起旅遊，因為小劉你——

5.培訓者然後拍一下(B 組人)的肩膀。他需立刻接下去，「我總是與你的喜好一致。」培訓者結合他的話繼續說，「總是與我的喜好一致。事實上，我們有過一次愉快的旅遊經歷，那一次——」

6.再次拍他的肩膀。他也許會說：「我倆結伴去了黃山，」培訓者接著說：「我倆結伴去了黃山，真是一次美妙的經歷。」

7.又一次拍他的肩膀，他可能說：「什麼時候我們還能共同休假呢？」培訓者說：「什麼時候我們還能共同休假呢？那時我們再一起出遊吧……」

8.讓所有受訓者觀看示範，然後讓他們各組散開練習一下，5 分鐘後大家集合，集體完成一次演出。

🛪 遊戲總結：

1.無論 A 組還是 B 組成員，都不可以抱有遲鈍的、惡作劇的做這個遊戲，否則不僅會給搭檔造成困難而且會破壞訓練的效果。大家的目的是將一個故事合理、順暢地完成下來，而不是給別人出難題或顯示自己的才能。這個遊戲體現了公平的合作，即快樂來自於與他人

分享創意。

2. 一個團隊最不可少的就是團隊的合作精神,而合作精神最重要的就是要善於傾聽別人的意見——像對待你的意見一樣,給予他人的想法和念頭以足夠多的關注。這個團隊也許最終會同意採用你的想法,但這在集體討論會上不是最重要的,最重要的是要善於傾聽他人的發言。

🌀 遊戲討論:

1. 請 A 組人員考慮:為了適應並轉換 B 組搭檔的台詞,你必須做些什麼?是否感到吃力或有其他感覺?怎樣才能使這個過程不那麼煎熬呢?

2. 請 B 組人員考慮:你們的任務是幫助 A 組人員完成任務,所以為他們提供台詞並使這一切進行得容易一些,你們需要做些什麼?當 A 組成員沒能順利利用你的台詞時,你有何感覺?

團隊合作的小故事

不要盲目跟著跑

一天,狐狸坐在山崗上發呆,突然看見一隻兔子飛快地朝它跑來。「你為什麼跑得這麼急?」狐狸問兔子。

「逃吧,越快越好!」兔子邊跑邊說,很快跑得無影無蹤。

狐狸心想:「兔子那麼拼命地跑,肯定有危險了,我也趕緊逃跑吧。」它也撒開腿,跟在兔子後面跑了。

狐狸正跑著,遇到了一隻狼。狼問道:「狐狸兄弟,你急急忙忙地上那兒去呀?」

「快逃吧，越快越好！」狐狸邊說邊跑，一眨眼已經跑出很遠了。

「有點不對勁兒，」狼想，「狐狸這麼聰明也拼命逃跑，一定有大危險，我也跟著逃吧。」狼飛快地朝著狐狸的方向跑去。

狼跑了一段路，遇到了一頭熊。熊看見狼正拼命地跑過來，便吃驚地問道：「狼兄弟，何事如此慌張啊？」

「快逃吧」後面的話就聽不清了，因為狼早已跑得很遠了。

「不好！」熊心想，「狼如此慌張，肯定是出了大事，我也趕快跑吧。」熊也搖搖晃晃地跟在狼後面跑了起來。

跑了好一陣子，熊才追上狼，只見狼正蹲在地上喘著粗氣，離它不遠，還有狐狸和兔子，顯得都很疲憊。熊驚訝地問：「你們為什麼這麼慌張啊？」

狼說：「這要問狐狸了。」狐狸說：「這還得問兔子。」兔子答道：「剛才吃草的時候，突然『轟』一聲，不知什麼東西從樹上掉下來，差點砸到我。我當時嚇壞了，現在還害怕呢。」

團隊成員在執行過程中，不能隨波逐流、盲目從眾，而要根據自己的職責與目標做出準確的判斷，採取正確的行動。

團隊成員在執行過程中如果有疑問，要與其他成員進行充分的溝通，弄清事情的真相。切忌根據自己的主觀想像盲目決策、隨意行動。

35 衝破鬼門關

遊戲簡介：

在不允許接觸的前提下，穿越假設的硫酸河，或燃燒的沙石，或鱷魚潭，或有毒區。

遊戲主旨：多個小組合作。

遊戲時間：

20～30分鐘，根據小組人數多少和穿越距離的長短決定。

遊戲材料：

每人一塊地毯。在大多數地毯商店都可買到廢棄的樣品（約一平方英尺大小）。「踮腳石」越小，越具挑戰性。

用布條或繩子標示起點和終點。

活動方法：

將團隊分成人數相等的兩個小組，每個人都必須從河岸的這一邊過到另一邊去。每個人都有一塊石頭（或一塊地毯）幫助他們過河。河的寬度至少有30英尺。

規則：

每個人只能搬動自己的石頭。

每個人要盡可能長時間地停留在自己的石頭上。

在別人的石頭上停留不能超過 3 秒。

石頭不能滑動。

如果你掉到河裏（或地板上），或者在別人石頭上停留超過 3 秒，就必須返回起點。

所有人必須同時到達對岸。

小組自己負責監控和評估任務完成的質量。

遊戲討論：

小組之間在過河的過程中有沒有競賽？

是否有一個小組漸漸失去耐心去等另一個小組？

小組之間是否有矛盾，為什麼？

有什麼其他解決衝突的方法？

如果小組之間互相幫助，任務是否會完成得更快？

小 故 事

膽　　量

日本三洋電機的創始人井植歲男，成功地把企業越辦越好。

有一天，他家的園藝師傅對井植說：「社長先生，我看您的事業越做越大，而我卻像樹上的蟬，一生都坐在樹幹上，太沒出息了。您教我一點創業的秘訣吧？」

井植點點頭說：「行！我看你比較適合園藝工作。這樣吧，在我工廠旁有兩萬坪空地，我們合作來種樹苗吧！樹苗一棵多少錢能買到呢？」

「40 元。」園藝師傅說道。

　　井植又說：「好！以一坪種兩棵計算，扣除走道，2萬坪大約種2萬多棵，樹苗的成本是不是100萬元。三年後，一棵可賣多少錢呢？」

　　「大約3000元。」園藝師傅答道。

　　「100萬元的樹苗成本與肥料費由我支付，以後3年，你負責除草和施肥工作。三年後，我們就可以收入至少5000多萬元的利潤。到時候我們每人一半。」

　　聽到這裏，園藝師傅卻拒絕說：「哇？我可不敢做那麼大的生意！」

　　最後，他還是在井植家中栽種樹苗，按月拿取工資，白白失去了致富良機。

　　要成功地賺大錢，非得有膽量不可。一個沒有膽識的人，再好的機會到來，也不敢去掌握與嘗試；固然他沒有失敗的機會，但也失去了成功的機會。世界上本沒有路，走過之後，路自然形成了。

36 談判技巧

遊戲簡介：所有談判小組達成一致。

遊戲主旨：培訓學員的談判技巧，如何藉助團隊力量以獲取談判致勝。

活動方法：

　　將所有小組集合到一起。如果是一個較大型的團隊，你可以將其分成四個小組。讓四個小組以你為中心，圍成一個正方形。然後宣佈：每個小組代表一家公司裏的不同部門，公司的董事長給各部門下達一個任務——達成一致。

　　「一致」的定義為，四個小組在同一時間展示同一個姿勢。每個小組有幾分鐘時間在小組範圍內商量向其他小組展示什麼姿勢。當培訓師給出信號，各小組就同時展示他們的姿勢。所有小組的一次共同的展示算作一輪。需要幾輪才能達成一致，完全取決於整個團隊的表現。

規則：

　　在討論和展示階段，小組與小組之間不得交談。

　　當所有小組展示同一動作時，視為達成一致。

　　每輪展示之間有 1 分鐘的討論時間。

　　如果一直不能達成一致，那麼究竟要做幾輪就取決於培訓師的耐心。

 遊戲討論：

　　如果你在培訓中期做這個遊戲，就應該準備足夠的時間，讓各個小組在整個團隊討論結束之後再做一次充分的總結。如果團隊不能達成一致，尤其是在某些固執己見者表現出傲慢和不願妥協的時候，你就需要花費更多的時間。

　　有什麼情況發生？

　　你們是否獲得了成功？

　　其他小組是否獲得了成功？

　　其他小組在完成這個任務中的做法，你們做了什麼反應？

你們是如何詮釋其他小組的非語言行為的？

發出的資訊是否與收到的資訊一致？

你們的目標是什麼，是否有更改？

團隊合作的小故事

獅子善用驢和兔

有一次，獅子決定要征戰鄰國。於是，它召集了所有臣民共同來商討作戰計劃。猴子提出的計劃很週密。它安排大象做了部隊軍需官，負責運輸；熊是衝鋒陷陣的猛將；狐狸和猴子則充分發揮機智靈活的長處，在出謀劃策和提供情報上都擔當了重要的角色。其他動物也一一做了安排。

「驢子傻笨，兔子膽小，讓它們回去算了。」有大臣建議。

「不！」獸王獅子說，「我可不能少了它們，驢子嗓門高，可以給我們擔任號手，兔子跑得快，可以替我們傳遞消息。」

果然，在這次戰鬥中，每個動物都充分發揮了各自的優勢，包括驢子和兔子。獅子和它的臣民們為此打了一個漂亮的勝仗。

天生我材必有用。沒有毫無用處的員工，只有缺乏慧眼的管理者。管理者應正確對待每個團隊成員的缺點。

團隊協作中，管理者要認識到誰都不是多餘的，應該為每個團隊成員搭建發揮其才能的舞台。

37 激發出你的潛能

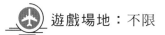 遊戲主旨：

　　有時候，在事態緊急的時候，形勢要求我們能夠儘快地組成一個團隊，此時團隊建設、時間安排、組織規劃、領導才能等一系列問題就將提上日程，此時，團隊中個人的真正能力也就會表現出來。

遊戲人數：4 人一組

遊戲時間：20 分鐘

遊戲材料：

　　掛圖與記號筆，有關一個工作問題及其背景材料的一份書面綜述

遊戲場地：不限

遊戲應用：

(1)構建團隊訓練

(2)加強團隊成員之間的溝通與合作

(3)領導能力訓練

活動方法：

　　1. 培訓者將整個團隊分成三四人的小組。

2. 然後向大家宣佈，在接下去的 6 分鐘內，每個小組都要努力完成一項具體的工作。在這段時間快結束時，每個小組應當推舉一個代表在掛圖上寫下關於小組工作結果的概要，這個過程限時 1 分鐘。

3. 向團隊下達你佈置的一項任務，最好是和團隊的組織規劃或工作相關（例如「大家共同討論，想出不同的方法，在今後的 90 天內使我們公司的人事變動率下降 10%，」或者，「提出各種能使我們切實改善顧客服務的方法」）。

4. 培訓者在回答成員們提出的任何有關程序的問題之後，走開（走到一個你能觀察到他們，而不會影響他們的地方）。

 遊戲總結：

1. 當事態緊急，需要大家一起組成一個團隊共同完成某項任務的時候，我們就會需要面臨一系列的問題，而如何解決這些問題，從一定程度上就反映了這些人的素質。

2. 一般來說，如果這群人裏面要是能有一個天生的領導者就比較容易組織大家進行討論，更快地面對問題，從而解決問題，同時要注意每一個人在團隊中都是至關重要的，每個人的力量都不容小覷，尤其是這種臨時組織起來的團隊更是如此。

 遊戲討論：

1. 誰脫穎而出成了領導者？為什麼？

2. 誰又擔任了團隊裏的其他職位？是什麼職位？還需要什麼比較次要的職位？

3. 團隊所遇到的問題是什麼？是如何被克服的？如何通過不同的方式解決這些問題？

4. 緊迫的時間對團隊的動力來說有什麼影響？對團隊最終的工

作效率有什麼影響？整個團隊的正式領導者缺席（未參加遊戲）會怎麼樣？

小 故 事

團結合作度過困境

　　在一片森林裏，有兩個好朋友獅子和熊，他們常常在一起打獵。這一天，兩人又一次出發，去尋找獵物。走了好半天，目光敏銳的獅子一下子發現了山坡上有隻小鹿，獅子正要撲上去，熊一把拉住說：「別急，鹿跑得快，我們只有前後夾擊才能抓住他。」獅子聽了，覺得有道理、兩人就分頭行動了。

　　小鹿正津津有味地啃著青草，忽然聽到背後有響聲。他回頭一看：啊呀，不得了！一隻獅子輕手輕腳向他撲過來了！小鹿嚇得撒腿就跑，獅子在後面緊迫不捨，無奈小鹿跑得真快，獅子追不上。這時熊從旁邊竄出來，擋住小鹿的去路。他揮著蒲扇大的巴掌，一下子就把小鹿打昏了過去。

　　獅子隨後趕到，他問道：「熊老弟，獵物該怎麼分呢？」

　　熊說：「獅大哥，那可不能含糊，誰的功勞大，誰就分得多。」

　　獅子說：「我的功勞大，鹿是我先發現的。」

　　熊也不甘示弱：「發現有什麼用，要不是我出主意，你能抓得到嗎？」

　　獅子很不服氣地說：「如果我不把鹿趕到你這裏，你也抓不到啊！」

　　兩人你一言我一語爭個不休，誰也不讓誰，都認為自己的功勞大，說著說著就打了起來。

這時，被打昏的小鹿漸漸醒了過來，看到獅子和熊打得不可開交，趕緊爬起來，一溜煙逃走了。熊和獅子打得精疲力竭，回頭一看，小鹿早已不見了蹤影。

熊和獅子你看我，我看你，後悔得直歎氣。

生命中有許多重要時刻，往往需要與別人互相信任地團結合作。只有這樣，才有可能度過困境，享受豐碩的成果。合作是絕對沒有錯的，關鍵在與你合作的人選是否正確。

38 最新的接力賽

遊戲主旨：

具有創造力的人往往會提出具有突破性的想法,因為他們知道如何掙脫習慣思維的束縛。本遊戲就可用於訓練學員解決問題、進行計劃或進行腦力激盪之前，為大腦熱身，從而幫助他們建立起新的思維模式的「電路」。

遊戲人數：集體參與

遊戲時間：30 分鐘

遊戲場地：教室或空地

遊戲應用：

(1)創新能力訓練

(2)團隊合作

(3)提高應變能力

 活動方法：

1. 讓學員在 1～3 之間選一個數，讓他們舉起與那個數字同樣多的手指，然後，讓他們尋找三個舉同樣多手指數的人。

2. 這樣就分成了幾組。讓他們選出組中眼睛最小的人，這些人就成了第一批「目標人物」。下一步，由小組決定一個方法選出第二個第三個和第四個目標人物。

3. 讓第一個「目標人物」面朝小組站著，他現在扮演起跑線的角色。當培訓者說「跑」時，「起跑線」立即朝他的團隊喊一些詞，如太陽、花朵、桌子等。這時每一個團隊必須快速地用另一個詞回答。（回答的詞不需要與喊出的詞在任何方面相關，只需要立即回答就可以。）「目標人」必須繼續喊，直到他不能很快地喊出任何可作回答的詞為止。一旦有遲疑、停頓，就要宣佈遊戲失敗，各自歸隊重新開始遊戲。

4. 繼續這個遊戲，直到組中的每個人都至少扮演過一次「目標人物」。

 遊戲總結：

1. 這個遊戲最重要的一點就是要使遊戲快速進行。在遊戲過程中，要保持對各小組的監控。如果發現那個「目標人物」回答有點慢或出現停頓，那麼立刻請他下台，保證遊戲進行的速度。

2. 創造性有時看起來有點瘋狂。那是因為獲得真正的、獨一無

二的想法的惟一方法，是打破所謂的正常思維模式。在這個遊戲中，慢慢地你會發現，那些能堅持得久的「目標人物」都會說出一些看似瘋狂或想不到的詞來，這就對了，因為這個遊戲的目的就是激發學員的創造性。

 遊戲討論：

　　1. 做完這個遊戲，學員是不是比之前活躍多了？讓他們談談感受。

　　2. 在遊戲期間，是否有人說出了一些意思不到、精彩絕倫的詞？

團隊合作的小故事

驕傲的大山與松鼠

　　很久以前，一座巍峨的大山與一隻渺小的松鼠發生了激烈的爭吵。

　　盛氣淩人的大山帶著一種嘲弄的口吻對小松鼠叫道：「你是個自以為是的小傢伙！」

　　小松鼠不卑不亢地對大山說：「誰也不會懷疑你確實是一個龐大的物體。」

　　小松鼠停頓了一下，話鋒一轉，「但世界是由萬物構成的，而且每一個都是無法替代的，那怕再渺小也有它存在的理由。我不會因為自己僅僅佔有一席之地而無地自容，我就是我，誰也無法取代我的位置。如果說我沒有你那麼大，那麼你也遠遠沒有我這麼小，而且你遠比不上我的輕盈與靈巧。」

　　松鼠的這一席話使得大山一時無話可說，聰明的松鼠又趁

機繼續說道:「這個世界上的一草一木都有自己的用處,你也一樣。我不否認你能接納一條條能讓松鼠步行的小徑,但是世界萬物的天分與才能各不相同,我相信天生我材必有用。」

「最後,我要告訴你的是,儘管我不能背負整個森林,但你也無法撬開小小的核桃。」

天生我材必有用。團隊中每個人、每個崗位、每個角色都有其相應的價值,管理者要對各個團隊成員進行客觀評價,不可妄下結論。

團隊成員要扮演好自己的角色,首先必須對各個角色有全面客觀的認識。只有充分認識各自角色之間的差異與客觀作用,才能找準自己的位置,擺正自己的心態,做好自己的工作。

39 互相信任

遊戲主旨:

展示團隊協作中的相互支持,領導作用和成員間的相互合作,建立團隊間的相互支援與信任。

遊戲材料:印花手帕若干。

活動方法:

將整個團隊分成若干個四人小組。讓成員們自願參加遊戲。

每個小組要有一個人矇上眼睛;選出一個小組的「領導者」,讓

他通過話語指導矇眼睛的人在房間裏或鄰近的區域從 A 處走到 B 處。領導者不可以接觸那個矇眼睛的人。另外兩個人幫助領導者，以保證矇眼睛的人不會撞到什麼東西。

當矇眼睛的人走完的時候（2～3 分鐘），換一個人再走，並選擇一條不同的路線。

如果時間允許，重覆以上過程。

注意確保遊戲場所的安全性，清除掉隱藏的障礙物。

不要鼓勵他們通過互相催促、互相競爭來爭取搶先完成遊戲。

遊戲討論：

1. 當你被矇住雙眼的時候感覺怎麼樣？（心裏不踏實、害怕、說不出話等）

2. 你信任你的領導者嗎？為什麼？

3. 你信任你的合作者嗎？為什麼？

4. 當你被矇住雙眼的時候，你需要什麼？（支持、別人的保證、建議等）

5. 你所在的團隊如何應用這個遊戲？

6. 你覺得團隊中的新夥伴怎麼樣？這個遊戲對改善你和他們的關係有什麼幫助？

 小 故 事

你的心態

古時候有一位國王，夢見山倒了，水枯了，花也謝了，便叫王后給他解夢。王后說：「大勢不好。山倒了指江山要倒；水

枯了指民眾離心，君是舟，民是水，水枯了，舟也不能行了；花謝了指好景不長了。」國王驚出一身冷汗，從此患病，且愈來愈重。

一位大臣參見國王，國王在病榻上說出他的心事，那知大臣一聽，大笑說：「太好了，山倒了指從此天下太平；水枯指真龍現身，國王，你是真龍天子；花謝了，花謝見果子呀！」國王聽完，立刻全身輕鬆，很快痊癒。

有這樣一個老太太，她有兩個兒子，大兒子是染布的，二兒子是賣傘的，她整天為兩個兒子發愁。天一下雨，她就會為大兒子發愁，因為不能曬布了；天一放晴，她就會為二兒子發愁，因為不下雨二兒子的傘就賣不出去。老太太總是愁眉緊鎖，沒有一天開心的日子，弄得疾病纏身，骨瘦如柴。

一位哲學家告訴她，為什麼不反過來想呢？天一下雨，你就為二兒子高興，因為他可以賣傘了；天一放晴，你就為大兒子高興，因為他可以曬布了。在哲學家的開導下，老太太恍然大悟，以後每天都樂呵呵的，身體自然健康起來了。

強者對待事物，不看消極的一面，只取積極的一面。如果摔了一跤，把手摔出血了，他會想：多虧沒把胳膊摔斷；如果遭了車禍，撞折了一條腿，他會想：大難不死必有後福。強者把每一天都當作新生命的誕生而充滿希望，儘管這一天有許多麻煩事等著他；強者又把每一天都當作生命的最後一天，備加珍惜。

美國潛能成功學家羅賓說：「面對人生逆境或困境時所持的信念，遠比任何事來得重要。」可見，積極的信念和消極的信念直接影響著創業者的成敗。

40 木頭的體積

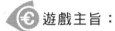 遊戲主旨：

個人思維方式的差異，能夠影響我們的有效決策，因此不可避免地在團隊合作中就會存在著各種有效衝突和無效衝突，本遊戲就是通過這些方面來訓練學員進行有效的團體決策。

遊戲人數：12 人一組

遊戲時間：40 分鐘

遊戲材料：12 張卡片，木頭的圖案

遊戲場地：室內

遊戲應用：

⑴團隊紛爭的解析

⑵加強團隊的凝聚力

⑶促進團隊成員之間的溝通與合作

活動方法：

1. 分小組，每組 12 人。每組將獲得 12 張卡片，一人將拿到一張卡片。

2. 卡片上會有一些資訊，小組的任務就是在 30 分鐘內利用卡片上提供的資訊，共同完成一項任務——計算木頭的體積（木頭的形狀附後）。

3. 注意事項：(1)遊戲的答案有兩個。(2)遊戲中設計的陷阱，看學員如何處理。

附件：卡片、圖

卡片 1：你知道以下資訊：

⑴木頭的密度 P＝0.8 克/釐米

⑵木頭浮在水面的高度是 1 釐米

看完這些資訊之後，要記住你所掌握的資訊，並將卡片撕掉！和你們小組的人去討論吧！

卡片 2：你知道以下資訊：

(1)計算體積的公式是 $v＝m/P$

(2)木頭的形狀是不規則的

看完這些資訊後，要記住你所掌握的資訊，並將卡片撕掉！和你們小組的人去討論吧！

卡片 3：你知道以下資訊：

(1)木頭的質量是無法知道的

(2)木頭有 9 個面！

看完這些資訊之後，要記住你所掌握的資訊，並將卡片撕掉！和你們小組的人去討論吧！

卡片 4：你知道以下資訊：

(1)木頭有三個面是一個正方形

(2)木頭有 10 個面！

看完這些資訊之後，要記住你所掌握的資訊，並將卡片撕掉！

和你們小組的人去討論吧！

卡片 5：你知道以下資訊：

(1)木頭的所有邊的長度只有兩個尺寸

(2)木頭有 10 個面！

看完這些資訊之後，要記住你所掌握的資訊，並將卡片撕掉！和你們小組的人去討論吧！

卡片 6：你知道以下資訊：

(1)木頭的邊長一個是 10 釐米，一個是 5 釐米

(2)木頭在水下的高度是 9 釐米

看完這些資訊之後，要記住你所掌握的資訊，並將卡片撕掉！和你們小組的人去討論吧！

卡片 7：你知道以下資訊：

(1)木頭有 3 個面！

(2)如圖所示：

看完這些資訊之後，要記住你所掌握的資訊，並將卡片撕掉！和你們小組的人去討論吧！

卡片 8：你知道以下資訊：

(1)你們小組成員提供的資訊不一定是有用的哦！

(2)木頭不是圓的

看完這些資訊之後，要記住你所掌握的資訊，並將卡片撕掉！和你們小組的人去討論吧！

卡片 9：你知道以下資訊：

(1)你不知道任何資訊！

(2)你是一個觀察員，你的身份要保密，別人不可以知道你的身份。

(3)你要仔細的觀察你的團隊最大的障礙在那裏？

看完這些資訊之後,要記住你所掌握的資訊,並將卡片撕掉！和你們小組的人去討論吧！

卡片 10：你知道以下資訊：

(1)你是最重要的人！

(2)雖然你不知道答案，但你知道憑你的經驗，你知道！

(3)卡片 4 所有資訊都是絕對正確的！

看完這些資訊之後,要記住你所掌握的資訊,並將卡片撕掉！和你們小組的人去討論吧！

卡片 11：你知道以下資訊：

計算木頭的體積，也許一個小學生都會

看完這些資訊之後,要記住你所掌握的資訊,並將卡片撕掉！和你們小組的人去討論吧！

卡片 12：你知道以下資訊：

計算木頭的體積，起碼要一個中學生才可以算出來

看完這些資訊之後,要記住你所掌握的資訊,並將卡片撕掉！和你們小組的人去討論吧！

木頭的縮略圖：

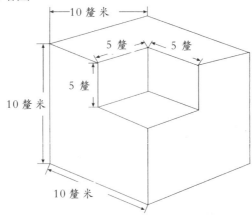

遊戲總結：

1. 看到所給出的圖案，你可能會覺得很奇怪，這只有一個答案嘛，不就是一個邊長 10 釐米的正方體在一個角上被挖去了一個邊長為 5 釐米的正方體嘛，答案就是 875 立方釐米嘛，而且只有 9 個面！

但其實，這幅圖是一個視覺繆誤圖，還有一種情景也隱藏在這幅圖中：你再仔細看看……

假想一個邊長為 5 釐米的正方體斜插在一個邊長為 10 釐米的正方體的一個角，它形成的一個物體也是這樣一個形狀，這樣的話就有 10 個面了，體積是大於 1000 立方釐米的！

看出來了嗎？

2. 學員們作為一個團隊的衝突／矛盾／意見不統一的矛盾都在這裏體現出來了……所以說，當我們在一個團隊中的時候，應該學會體諒別人，要從別人的角度出發看問題，因為有些問題從不同的角度出發，所看到的東西確實是不一樣的，不應該因為這個而影響整個團隊的團結。

 遊戲討論：

1. 小組發生分歧怎麼辦？是如何解決問題的？在遇到困難的時候有沒有放棄第二個答案的打算？

2. 持有不同卡片資訊的人，在我們的組織當中會是什麼樣的一群人？

3. 群體決策有分工嗎？

4. 觀察員在當中有沒有去認真觀察？

團隊合作的小故事

互助協議，偷油成功

　　三隻老鼠一同去偷油，找到一口油缸，只有缸底還有一點點油。它們靜下心來集思廣益，終於想到了一個很妙的辦法，就是一隻老鼠咬著另一隻老鼠的尾巴，吊下缸底去喝油。

　　為公平起見，老鼠們達成協定：第一隻老鼠偷到的油給第二隻老鼠喝，第二隻老鼠偷到的油給第三隻老鼠喝，而第三隻老鼠偷到的油給第一隻老鼠喝。於是三隻老鼠偷油成功，皆大歡喜。

　　團隊協作必須明確責任的承擔和利益的分配，這就要求管理者建立團隊成員都認同的有效協作機制。

　　沒有有效的協作機制，團隊成員就很難感受到被公平對待，最終難以實現長久的團隊合作。

41 美麗景觀創意

遊戲主旨：

　　團隊創意是一個團隊取得成功的根本前提,而個人創意是團隊創意不可或缺的部份。所以作為一個團隊的領導者,一定要明白他的小組的各個成員的特點並善加利用,此遊戲可以幫助他們做到這一點。

遊戲人數：每 10 人一組

遊戲時間：50 分鐘

 遊戲材料：

每組一套：A4 紙 50 張，膠帶一捲，剪刀一把，彩筆一盒

 遊戲場地：教室

 遊戲應用：

(1)團隊創新能力的培養

(2)團隊合作中的角色分工和協作問題

 活動方法：

1. 將學員分成 10 人一組，然後發給每一組一套材料，要求他們在 30 分鐘內，建造出一處優雅美麗的景觀來，要求景色美觀、創意第一。

2. 要求每組選出一個人來解釋他們的景觀的建造過程，例如：創意、實施方法等。

3. 由大家選出最有創意的、最具有美學價值的、最簡單實用的景觀，勝出組可以得到一份小禮物。

 遊戲總結：

1. 創意好不好關係到景觀的成敗。如果一開始的思路就錯了，或者根本沒有明確的目標，就會在以後的工作中面臨越來越多的問題，例如時間管理、審核標準、資源分析等。

2. 當想出足夠好的創意以後，每個人根據自己不同的特長選擇不同的任務，例如空間感好的人就可以來搭建模型，手巧的人可以進

行實際操作，但是最重要的是一定要有一個領導者，他要縱觀整個全局，對創意進行可行性評估，以及最後進行總結。

3. 對於組員來說，如果你有了新的創意，一定要跟其他人交流，讓他們明白你的意思，評定你的點子是否可行。

 遊戲討論：

1. 你們組的創意是怎樣來的？

2. 在建造的過程中，你們的合作過程如何？大家的協調性怎麼樣？各人扮演什麼角色，這一角色是否與他的平時形象相符？

 小 故 事

把爭鬥變成謙讓

在一個原始森林裏，一條巨蟒和一頭豹子同時盯上了一隻羚羊。豹子與巨蟒互相望著對方，各自打著「算盤」。

豹子想：如果我要吃到羚羊，必須首先消滅巨蟒。

巨蟒想：如果我要吃到羚羊，必須首先消滅豹子。

於是幾乎在同一時刻，豹子撲向了巨蟒，巨蟒撲向了豹子。

豹子咬著巨蟒的脖頸想：如果我不下力氣咬，我就會被巨蟒纏死。

巨蟒纏著豹子的身子想：如果我不下力氣纏，我就會被豹子咬死。

於是雙方都死命地用盡全身力氣。

最後，羚羊安詳地踱著步子走了，而豹子與巨蟒卻雙雙倒地。

如果兩者同時撲向獵物，而不是撲向對方，然後平分食物，兩者都不會死；如果兩者同時走開，一起放棄獵物，兩者都不會死；如果兩者中一方走開，一方撲向獵物，兩者都不會死；如果兩者在意識到事情的嚴重性時互相鬆開，兩者也都不會死。它們的悲哀就在於把本該具備的謙讓轉化成了你死我活的爭鬥。

42 溝通能力遊戲

遊戲主旨：
體會談判的本質，學習如何在談判中建立信賴關係。讓組員掌握溝通技巧。

遊戲人數：8 人。

遊戲時間：30～40 分鐘。

遊戲場地：教室。

遊戲道具：每人一隻裝有 7 個籌碼的信封，籌碼共 5 種顏色，分別為黃、紅、藍、綠、白，每人 10 元人民幣（組員自己準備）。

i 活動方法：

培訓師宣佈「這是一個真正的談判，而不僅僅是一個遊戲」。它需要每個參與者投資真實的 10 元錢。培訓師將裝籌碼的信封發給每一參與者。這是他們在整個遊戲中所能使用的全部資源。任何人不可以再用別的錢或其他資源。

利用你的資源與別人進行談判，談判過程中，你可以用錢買其他人的籌碼，也可以用自己的籌碼交換他人的籌碼。整個遊戲分成 5 段，每段為一個談判單元，每段時間為 2 分鐘，段與段間隔半分鐘。

在每一段中，你可以和一位其他參與者談判，以達到你的目標。每次談判的目標由你自己決定。在每段 2 分鐘的談判過程中，你都必須只和另外一位參與者單獨在一起談判，對方是你的談判對手。即使你們覺得最終協定無法達成，無事可做，也不許更換對手。

在每場間隔的半分鐘期間，不允許交談。在這個階段，每個參與者應分析情況，分析各類顏色籌碼的供求，設想你的目標及達到目標的策略，下段時間的談判人選等。

整個活動（5 輪談判）結束之後，培訓師向獲得 20 分以上的參與者每分獎勵 1 元。得分 30 分以上的參與者將獲得「談判高手」稱號。

計分標準：

每個籌碼 1 分，每 1 元錢算 1 分。可得到 20 分以上的辦法：

A. 8 個任何同一種顏色的籌碼——20 分。

B. 9 個任何同一種顏色的籌碼——25 分。

C. 10 個任何同一種顏色的籌碼——30 分。

D. 10 個任何兩種顏色的籌碼，且每種顏色為 5 個——20 分。

E. 12 個任何兩種顏色的籌碼，且每種顏色為 6 個——30 分。

你得到了多少分，賠了還是賺了？你是怎樣得到這個成績的？

你覺得促使談判成功的最主要的因素是什麼？

你一開始確定的目標是怎樣的？在談判過程中你運用什麼溝通技巧實現目標？

良好的溝通促進問題的解決，管理者要學會使用溝通技巧解決實際問題。溝通適用於所有的領域，並起著至關重要的作用。與別人保持良好的溝通是獲得成功的基本條件。

團隊合作的小故事

外科醫生怎樣動手術

外科醫生為病人動手術並不是簡單地動刀就行了，而是執行一個團隊工程。

在動手術以前，有一套完整的手術方案，這個方案規定了手術的每一個操作步驟和要點。在動手術的時候，所有參與手術的人組成一個非常高效的團隊。

當外科醫生進入手術室後，麻醉師首先為病人麻醉。麻醉完成後，外科醫生無須說話，一伸手，護士就把手術刀遞了過來。外科醫生把病人需開刀的部位劃開以後，再一伸手，護士就把止血鉗遞過來。

接著外科醫生找到關鍵的部位開始做手術，再一伸手，護士把縫合針遞過來。交接時，護士將器械往外科醫生手裏重重地一按，動作快捷而有節拍。在整個手術過程中，次序井然，所有人都是全神貫注，堅決果斷，絕不會拖泥帶水，團隊配合得非常默契。

從外科醫生為病人動手術的規範程序中可以看出，外科醫

生型的是最好的團隊模式。如果一個團隊能夠像外科醫生手術那樣進行有條不紊的管理，工作有重點，團隊配合默契、交接清楚，那麼團隊管理一定是高效的。

43 永不沉沒的小船

遊戲主旨：

用紙做成的船兒可以在水中暢游，但是卻不能持久，有沒有什麼辦法可以讓小船能在水裏待盡可能長的時間呢？這就需要大家共同出謀劃策，一起努力了。

遊戲人數：4 人一組

遊戲時間：1 小時

遊戲材料：

每組四張白紙，一雙筷子，長吸管和短吸管各兩根，幾張彩紙和幾隻彩筆，一把剪刀和一瓶膠水

遊戲場地：水邊

遊戲應用：

(1)創造性地解決問題

(2)團隊合作意識和團隊合作精神的培養

(3)幫助主管瞭解成員的特長，以保證讓每個人都做最合適的工作

 活動方法：

1. 將學員分成 4 人一組。發給每組四張白紙，一雙筷子，長吸管和短吸管各兩根，幾張彩紙和幾隻彩筆，一把剪刀和一瓶膠水。

2. 遊戲要求是讓每個小組利用白紙和其他材料做成一艘小船，還要製作一面彩旗，作為自己團隊的旗幟，要求在一小時內完成。

3. 評判標準是看那個小組的小船能遊得最遠，並且不沉。

 遊戲總結：

1. 每個小組會想盡各種辦法來製作這個小船，但是小組成員之間的合理分工和協作是非常重要的，我們一定要瞭解各個人不同的特長和能力，以保證各司其職，達到良好的效果。方法是：

(1)小組開始比賽後，小組學員可以進行分工，兩個負責製作小船，兩個負責製作小旗子。負責製作小船的學員經過激烈討論，最後制定出一套執行方案，全組按照這個方案實施。然後選出一位負責人，負責監督項目的實施。

(2)小船的參考做法：可以用皮筋將吸管固定在船底，增加船的浮力和堅固度。

2. 在遊戲過程中，團隊成員間的溝通與協作是非常重要的，只有大家群策群力，才能造出不沉的「巨輪」。

 遊戲討論：

1. 你們組的 4 個人是怎樣分工的？

2.解決這個問題的切入點和關鍵是什麼？

團隊合作的小故事

笑容可掬更可怕

　　一群羊原來的頭兒是一隻模樣長得很凶的牧羊犬。每日，它總是板著面孔在羊群中走來走去，從來沒有見過有一絲笑容。羊們於是向主人提意見說，這個頭兒太不平易近人了，叫人看了就害怕。

　　主人為了讓羊們多長羊毛、多產奶，便用一隻笑容可掬的狐狸代替了牧羊犬。新的頭兒上任以後，見到誰臉上都堆著笑，一副和藹可親的樣子。

　　過了一些日子，主人發現，羊們的毛長得比原來更慢了，奶也產得少了許多。主人悄悄地問羊：「現在的頭兒這麼和氣，你們為什麼不多長毛、多產奶？」

　　羊們唉聲歎氣地說：「過去的頭兒模樣雖然長得凶一點，但我們很有安全感；現在的頭兒一團和氣，我們卻時刻都提心吊膽啊。」

　　狐狸再怎麼笑容可掬，在羊看來，終究是不懷好意的，在這樣終日憂心忡忡的氣氛中，怎麼可能產出更多的奶和毛來？

　　管理者很大程度上決定著一個團隊是否能夠建立起信任的氣氛，表面上的信任感固然重要，但是暗藏的不信任感會嚴重影響團隊的效率。

　　對管理者而言，被他人信任不是僅僅做到表面上的和顏悅色，更不能笑裏藏刀。而是在有一顆真誠待人之心的基礎上做

到表裏如一。

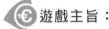

44 拓展訓練

遊戲主旨：

拓展訓練對一個團隊來說，有著舉足輕重的作用。具體而言，它可以幫助團隊確認目標，增強凝聚力，樹立相互配合、相互支持的團隊精神和整體意識，促進團隊內部的溝通與交流，從而更好地發揮員工在工作上的潛能。

遊戲人數： 集體參與

遊戲時間： 根據具體情況靈活決定

遊戲材料： 參見下列各個遊戲

遊戲場地： 室外，最好是專門的訓練機構

遊戲應用：

(1)個人素質訓練和潛能的挖掘

(2)團體合作精神的訓練

活動方法：

1. 空中單杠

(1)受訓者站在大約 5 米高的木板前端。

(2)在受訓者前方大約一臂以外的位置，有一根被風吹得微微晃動的單杠。

(3)要求受訓者向前越出一步，抓住單杠；也可以選擇放棄，但是將退回原點，遊戲失敗。

(4)思考：當下面是萬丈深淵的時候，前方是一線生機，你是會選擇縱身一跳，闖過這一關，還是無功而返，原路退回？

2.「死亡電網」

(1)將受訓者分成若干個小組。

(2)小組成員必須集體穿越一張與地面垂直的電網。

(3)網上的一個洞就是一條生路，一條路只能使用一次。當通過的時候，身體的任何部位不能接觸到電網，否則就算死亡，倖存者們可以繼續前進。

(4)思考：怎樣才能讓大家都能通過電網？怎樣才能既節省時間又減少犧牲？

3. 走鋼絲橋

(1)寬闊的橋上架著一根鋼絲，兩邊有兩根把手。

(2)受訓者必須踩在一根鋼絲上，從河的一頭走到另一頭。

(3)思考：怎樣才能更好地過橋去？是很慢很慢還是一鼓作氣快步走過去的成功率較高？其實只要穩住腳步，眼向前方，像平時走路一樣，過鋼絲橋是一點都不難的。

4. 斷橋跨越

(1)在有相關的安全防護措施下，讓受訓者從空中的一塊跳板上跳到另一塊跳板上，跳板間的距離不等，可以因人而異的進行調節，

落腳的跳板的寬度為 20 釐米左右。

(2)如果這點距離是在地面上，那麼一抬腳就可以跳過去，可是如果是在空中的話，情況就不一樣了，可能還沒開始跳，腳已經先軟了，根本跳不起來，越猶豫越跳不了。

5. 翻越斷橋

以隊為單位，全隊人員一個都不能少地翻越一面垂直光滑、高 4 米的斷橋。

6. 有軌電車

(1)在地上並排放著兩條長長的木板，每條木板上間隔一腳的距離拴起一根提繩。

(2)學員的兩隻腳分別跨在兩條木板上，手上拽起繩子，齊聲喊著左右的口令，大家一起提起一側的木板向前走。

(3)隨著訓練難度的增大，可以要求學員不喊口令進行前進，繼而在行進中轉向、掉頭、整齊有序地前進。

7. 爬天梯

(1)由一組間距逐漸加大的橫木組成天梯。

(2)兩人一組，同時向上翻越。

(3)思考：任何人單靠自己的力量都是無法完成任務的，所以在活動中一定要互相幫助，所以在遊戲之初就找好自己合適的拍檔是非常重要的，大家通力合作就可以高效率地完成任務。

8. 拍氣球

(1)5 人組成一個小組。

(2)其中一人背上拴著安全帶爬上一根高 7 米、直徑 20 釐米的木樁頂端。

(3)然後站起來，躍向前方，伸手拍打兩三米外的紅色氣球。

(4)地上由四個隊友負責抓住安全帶的另一端，待高空中的隊友

拍完皮球後，再幫助他徐徐落下。

9.巨人梯

⑴一條長達 9 米的長梯，離地 1.5 米。

⑵多個成員一起組成團隊，每個隊員必須爬到頂端，然後繫上由隊友控制的保險索，跳到地面。

⑶思考：1.5 米的距離，任何人都不能單靠自己的力量翻越過去，因此第一個爬上去的隊員必須充當後來人的墊腳石，而後一個隊員則又充當後一個隊員的墊腳石，這樣直到團隊裏的每個成員都成功爬上繩梯為止。

遊戲討論：

1. 在地面上和在空中做這些動作有什麼區別？怎樣才能克服高空恐懼？

2. 在遊戲當中，怎樣才能所向披靡，平安過關？

小 故 事

幸福的種子

有兩個追求幸福的窮苦青年，經過艱難的跋涉，終於在一個很遠的地方，找到了幸福的使者。使者見他們都有一顆善良的心，便給了他們每人一顆幸福的種子。

一個青年回去後，將種子撒在自己的土地裏，不久他的土地裏就長出了一顆樹苗。他每天辛勤地澆灌，第二年枝繁葉茂，果實掛滿枝頭。他繼續努力，漸漸擁有了大片的果園，成了遠近聞名的富足之人。他娶了妻子，有了兒子，過上了幸福生活。

另一青年回去後設了一個神壇，將幸福的種子供奉在上面，每天虔誠地祈禱。青年把頭髮都熬白了，卻仍然一貧如洗。他十分生氣不解，又跋山涉水來到幸福使者面前，抱怨使者騙他，幸福使者笑而不答，只讓他到另一青年那裏看看。當他看到大片的果園時，頓時醒悟，急忙回去將那顆種子埋到土裏，但幸福的種子已被蟲蝕空，失去了生命力。

一個人的成功是靠辛勤的努力獲得的，當我們發現了一個機會時，所要做的就是如何通過各種方法抓住這個機會，使它開花結果，而不是等待。

45 導航塔

遊戲主旨：

本遊戲通過讓大家建造一座導航塔，促進大家創新思維的發揮。同時由於本遊戲需要集體的合作和配合，還可以讓我們更好的發揮團隊合作精神。

遊戲人數：6～8 人一組

遊戲時間：30 分鐘

遊戲材料：

紙杯、報紙、透明膠帶、吸管、橡皮筋和 1 把手工剪刀

遊戲場地：教室

 活動方法：

1. 將學員分成 6～8 人一組。

2. 培訓師宣佈每個小組的任務是要為本組建一座導航塔，越高越好，同時一定要突出本小組的特點，建造的塔要有創意，要有可操作性。

3. 分發材料，宣佈在規定時間內發動成員的創新意識建塔。

4. 注意：所建的塔要接受其他組選出的檢驗員的檢驗，以吹不倒並且最有創意為勝利小組。

 遊戲總結：

1. 遊戲結束後，大家往往能造出各種各樣千奇百怪的塔，有的小組的塔高大威猛，有的小組的塔還配備了「雷達」裝置，有的塔是三角形的底，有的是四方形。儘管「檢驗員」都沒有吹倒，但是在遊戲分享討論的時候紛紛「竟折腰」，大家都沒有想到這些塔這麼經不住「表揚」，沒多久全都「鞠躬」了，全場哄堂大笑。大笑聲中，讓學員們更加深刻體會到失敗的成功是因為開始時都沒有做一個建塔的系統方案，沒有作為一個高效團隊來執行。

2. 只有大家結成一個高效率的群體，事先考慮建塔的一系列程序和注意事項，才能夠保證我們的成果不會在很短的時間內就紛紛折腰。在日常的工作和生活中，這個道理同樣適用。

 遊戲討論：

1. 在建塔的過程中，你們組有沒有想出什麼絕妙的想法，可以讓塔壘得更高？

2.你的小組是如何工作的？你的塔為什麼最低？從高塔本身而言我們獲得了什麼團隊管理的啟示？

 小 故 事

野兔與獵狗

　　獵人帶著獵狗去打獵。獵人一槍擊中一隻兔子的後腿，受傷的兔子拼命地奔跑，獵狗飛奔去追趕兔子，可是最終還是沒追上，獵狗只好悻悻地回到獵人身邊。氣急敗壞的獵人開始罵獵狗：「你真沒用，連一隻受傷的兔子都追不到！」獵狗聽了很不服氣地回道：「我盡力而為了呀！」而兔子帶傷跑回洞裏，它的兄弟們都圍過來驚訝地問它：「那只獵狗很凶呀！你又帶了傷，怎麼跑得過它的？」「它是盡力而為，我是全力以赴呀！它沒追上我，最多挨一頓罵，而我若不全力地跑我就沒命了啊！」

　　獵狗在追擊兔子的時候只是盡力而為，因為追不到它最多只是挨一頓罵，所以成功與否並不是非常重要。但是對於野兔來說，逃避獵狗的追擊則必須是全力以赴，因為一旦失敗，失去的就是自己的生命。雖然獵狗和兔子都在奔跑，但是兩者的心態不一樣，結果也就不一樣。盡力而為的結果就是失敗，而全力以赴的結果就是成功。

　　到底是盡力而為還是全力以赴？這是在工作時經常考慮的問題。

46 別具一格的啦啦隊

遊戲主旨：

在每場比賽中，總有啦啦隊在每個隊的身旁為大家加油鼓勁，不要小瞧這看似無關緊要的啦啦隊，這正是集體合作精神的最佳體現。

遊戲人數：10～20 人一組

遊戲時間：30 分鐘

遊戲材料：紙、筆、彩紙等

遊戲場地：不限

遊戲應用：

(1)提高團隊士氣，保證目標的實現

(2)通過寫作來加強團隊的創造力

活動方法：

1. 10～20 人一組，然後讓每一組的人都設想他們要為一場體育比賽或者其他什麼比賽充當啦啦隊。

2. 要求他們 20 分鐘之內，盡可能多的編出對於本組比賽有利的一切東西，例如口號、舞蹈、順口溜等。

3. 讓各個啦啦隊進行表演，大家評判一下那一組最有創造力，最能夠鼓舞士氣。

 遊戲總結：

1. 啦啦隊和參賽者是一個團體，它對於參賽者而言有著不可小覷的作用。同樣是一場比賽，如果你的啦啦隊人聲鼎沸，表現出眾，就一定能帶動現場的氣氛，帶動大家的情緒，增強本組人的鬥志。

2. 啦啦隊本身也是一個團隊，也需要成員之間的分工合作，例如有舞蹈天分的就去編舞跳舞，有文學天分的就去編一些口號、標語，總之大家八仙過海、各逞所能，目的就是要幫助比賽者能夠更好地贏得比賽。

 遊戲討論：

1. 口號和舞蹈是如何設計的？考慮什麼因素？
2. 啦啦隊的角色是不是很重要？為什麼？

小 故 事

氣　　球

有一次，一個推銷員在紐約街頭推銷氣球。生意稍差時，他就會放出一個氣球。當氣球在空中飄浮時，就有一群新顧客聚攏過來，這時他的生意又會好一陣子。他每次放的氣球都變換顏色，起初是白的，然後是紅的，接著是黃的。過了一會兒，一個黑人小男孩拉了一下他的衣袖，望著他，並問了一個有趣的問題：「先生，如果你放的是黑色氣球，會不會升到空中？」

氣球推銷員看了一下這個小孩，就以一種同情，智慧和理解的口吻說：「孩子，那是氣球內所裝的東西使它們上升的。」

恭喜這個孩子，他碰到了肯給他的人生指引方向的推銷員。「氣球內所裝的東西使它們上升。」同樣，也是我們內在的東西使我們進步。關鍵在於你自己，你有權決定你的命運！

47 食人魚河

遊戲主旨：

人在高度緊張的時候往往能發揮最大潛力，同時，高度緊張的時刻也是集體間最能親密無間合作的時候，雖然現在並沒有很多緊張危險的時刻，但是我們可以模仿這種場景，幫助大家體會團隊的合作精神。

遊戲人數：10 人左右一組

遊戲時間：30 分鐘

遊戲材料：

兩條長竹（長 3 米，粗 8 釐米），一條短竹（長 1 米，粗 5 釐米）；
兩條粗繩（長 12 米，粗 9 毫米），四條細繩（長 3 米，粗 6 毫米）；
兩把長木椅（70 釐米）

遊戲場地：空地，最好是草坪一類柔軟的場地

 遊戲應用：

(1)對於學員團隊合作精神的培養

(2)明確團隊中領導者和參與人員之間的關係，加強團隊間的溝通與合作

 活動方法：

1. 培訓者將兩把長木椅放在空地上，相距 4.5 米。

2. 發給學員道具中所提供的材料，讓他們商量一下如何利用這些工具渡過河去。

3. 全組學員一定要在限定的時間內從河的這一端渡到河的另一端去，其間不能掉下河去，即身體不能接觸到地面，否則必須重新開始。

 遊戲總結：

1. 在一個團隊中，領導者的角色是至關重要的，他的組織能力、協調能力、溝通能力的正常發揮，都將直接關係到這個團隊完成任務的成敗。所以大家一定要在一開始就選擇好一個合適的領導者，實現溝通與互相瞭解是非常必要的。

2. 在按計劃行動的時候，一定要注意三點：

① 做好時間管理；

② 要充分利用現有資源；

③ 要發揮團隊成員的積極性和創造性，大家群策群力，共同解決問題。

3. 由於本遊戲具有一定的危險度，所以一定要保證竹子與竹子

之間已經紮牢了，同時培訓者應該站在橋的一邊，以便隨時保證過河者的安全，避免竹子夾住手指。

 遊戲討論：

1. 你們組使用了什麼方法來完成你們的計劃？

2. 在團隊中，各個隊員分別扮演了什麼樣的角色？你們小組是否存在領導角色？隊員的參與度與投入程度如何？

3. 團隊在執行項目時，對於資源的利用程度如何？

團隊合作的小故事

小豬要去買西瓜

大豬和小豬在家吃西瓜，它們把西瓜從中間切開，一人一半。

不一會兒大豬就把自己的那份吃完了，就對小豬說：「我出錢，你去買一隻西瓜回來怎樣？回來後平分。」

小豬同意了，但剛出門又回來了，問：「你會不會偷吃我的西瓜？」

大豬保證說：「這怎麼可能？你還信不過我嗎？我保證不碰你的西瓜。」

小豬於是就出去了。

一個小時過去了，小豬沒有回來。

兩個小時過去了，小豬還是一點消息都沒有。

等到第三個小時，大豬實在是等不及了，心想：先把它那份吃了，回來後多分給它一些算了。於是它拿起小豬那大半個

西瓜，剛想要吃，這時，小豬從門外衝進來，奪過自己的西瓜，生氣地說：「哼，我就知道你不可靠，幸虧我一直在門口盯著你。」

信任是團隊成員進行有效協作的先決條件，缺乏信任就會使團隊成員在相互懷疑中浪費大量時間和精力，從而造成團隊效率的低下。

管理者應建立誠信機制，對誠信的行為進行鼓勵，對不誠信的行為進行懲罰，從而使團隊每個成員都充分信任他人。

48 七巧板

遊戲主旨：

七巧板，取其七巧之意，即可以用其拼成各種各樣的圖形，發揮大家的想像力和創造力的意思。本遊戲可以訓練團隊的合作和溝通精神，發揮想像力。

遊戲人數：3～5人一組

遊戲時間：10分鐘

遊戲材料：每組一套七巧板

遊戲場地：不限

活動方法：

1. 培訓者將大家分成 3～5 人一組。

2. 發給每組一套七巧板，要求他們在 5 分鐘之內將其拼成一個正方形。

遊戲總結：

1. 相信每一個人都會知道七巧板的名字，是有各種各樣的圖形，可以巧妙地拼出各種各樣精彩圖樣的意思。

2. 雖然每個小組手中都有一套七巧板，但是要用它在短時間內拼出一個正方形也是很不容易的，關鍵是看大家能不能轉換思維思考，團隊與團隊之間形成互補，將大家之間的七巧板共同拼出各組的正方形，才能達到雙贏。

3. 在大家合作的過程中，彼此之間的溝通是非常重要的，可以消除部份人的抵觸行為，同時讓大家都明白必須彼此合作，才能達到目標。

遊戲討論：

1. 在拼圖的過程中，你們小組是如何利用資源的？個人在拼圖的過程中扮演了什麼樣的角色？

2. 單用你們小組的圖形是否能完成任務？有沒有想過與其他小組合作，互通有無來各自達到各自的目的？

小 故 事

駱　　駝

　　在動物園裏的小駱駝問媽媽：「媽媽、媽媽，為什麼我們的睫毛那麼長？」

　　駱駝媽媽說：「當風沙來的時候，長長的睫毛可以讓我們在風暴中能看得到方向。」

　　小駱駝又問：「媽媽、媽媽，為什麼我們的背那麼駝，醜死了！」

　　駱駝媽媽說：「這個叫駝峰，可以幫我們儲存大量的水和養分，讓我們能在沙漠裏耐受十幾天無水無食的條件。」

　　小駱駝又問：「媽媽、媽媽，為什麼我們的腳掌那麼厚？」

　　駱駝媽媽說：「那可以讓我們重重的身子不至於陷在軟軟的沙子裏，便於長途跋涉啊。」

　　小駱駝高興壞了：「哇，原來我們這麼有用啊！可是媽媽，為什麼我們還在動物園裏，不去沙漠遠足呢？」

　　天生我才必有用，可惜現在沒有作用。一個好的心態＋一本成功的教材＋一個無限的舞台＝成功。每人的潛能是無限的，關鍵是要找到一個能充分發揮潛能的舞台。

49 甲殼蟲樂隊

遊戲主旨：

本遊戲給大家一個發揮自己形象思維以及作曲天才的一個舞台，同時也給了大家一個培養團隊合作精神的大好機會。

遊戲人數：10 人一組

遊戲時間：10 分鐘

遊戲場地：空地

遊戲應用：

(1)培養團隊的協調能力和合作精神

(2)培養大家的集體創作意識和聯想能力

活動方法：

1. 將全體成員分成 10 人一組。

2. 培訓者給大家下述口令：首先每組人應該鼎力合作，創造出一條小甲殼蟲來，這條蟲子必須有四條腿在地上，但是所有的人必須連為一體，組成這一條蟲子。宣佈開始以後，看看那一組的人做得最快。

3. 完成形象以後，開始爬行比賽，比賽時小蟲子要能夠從起點

爬到離起點 5 米的終點的位置，以蟲頭先到達目的地的蟲隊為贏。

4. 完成比賽以後，每組人要能夠在最短的時間內創作或者選取已有的一首歌曲，作為自己的隊歌，此歌謠要能夠表現出該組的精神面貌和內涵，例如選擇甲殼蟲樂隊的《挪威森林》。

5. 培訓者可以選擇一種形式對獲勝的小組進行鼓勵。

遊戲總結：

1. 本遊戲是一個考驗大家的形象聯想能力和即興創作能力的好例子，大家不但可以從遊戲當中獲得很大的樂趣，還可以培養大家的創新和聯想能力。

2. 本遊戲的要點之一就是要大家明白本遊戲是一個集體行動，一定要以一個團隊的視角來對待它，在遊戲的過程中，所有的隊員要相互配合，行動一致，保持合理分工，各顯神通，共同達到集體利益的最大化。

3. 由於本遊戲是一個集體行動，群龍無首路難行，在行動之前一定要確定出一個發號施令者，大家惟其馬首是瞻，制定出統一的計劃，才能獲得最後的勝利。

遊戲討論：

1. 對於你們小組來說，比賽的三個步驟中那一個最難？這實際上體現了你們組有什麼特點？你們組的長處和短項分別在何處？

2. 有沒有更好的方案可以幫助我們更好地完成任務？

3. 本遊戲對於我們日常生活有什麼啟示？

團隊合作的小故事

單獨報仇有偏失

一隻羚羊走進酒店，對老闆說：「請給我一碗酒。」

老闆把酒拿來，羚羊把頭伸進碗裏，喝光酒，說：「再來一碗！」

「為什麼喝這麼多酒？」老闆問道。

羚羊苦悶地說道：「心裏難受！」

「發生了什麼事？」老闆問羚羊。

「去年秋天，一隻獅子衝進了我家，拖走了我的爸爸！」

「既然如此，你唱歌吧，也許心裏會好受一點。」老闆勸道。

羚羊喝了一整天的酒，從酒店出來時，正好被一隻山羊看到，羚羊已是醉醺醺的，它還在用它那沙啞的嗓音哼著歌。

「你唱什麼呢？」山羊問它。

「我高興，所以就唱歌了。」

「看你醉成這個樣子，不像啊！」

「我能不喝酒嗎？」羚羊嚷道，「去年秋天，獅子拖走了我的爸爸。」

「那你現在去那兒？」山羊問道。

「到森林裏去。」

「到了那裏做什麼？」

「同獅子打仗，我要戰勝它，剝了它的皮，賣給製鼓匠，他們給我做面鼓，鼓會發出聲音，我就可以跳舞唱歌了。」羚羊眼睛裏閃著快樂的神色。

「我也去。」山羊說，「我的角很尖。」

「不必！我一個人就能對付它。」醉醺醺的羚羊走出村莊，慢慢地向森林走去。

途中它遇到一條狗，狗瞭解到羚羊要採取什麼行動後，就說：「我同你一起去。去年夏天，獅子吃了我兩個弟弟，我要用牙齒對付它。」

「你不要管我的事。」羚羊說，「我現在憤怒至極，可以一下子把它打倒在地。」羚羊獨自去找獅子報仇，但是獅子把它吃了。

過不久，山羊跑進森林去為朋友報仇，獅子也把山羊吃了。

狗也來到森林，要問問獅子，為什麼吃掉它的兩個兄弟，狗同樣也沒回來。

獅子直到今天還在森林裏稱王稱霸。它心裏想：要是全體羚羊、細腿的山羊、牙齒銳利的狗一齊來向我進攻，我早就完了！森林裏也一定沒有我的位置了，但是它們卻一個一個地來，自然對付不了我。

一根筷子被折斷，十根筷子抱成團。在團隊中，一個人的力量是有限的，但團隊成員通過高效協作，就可以把有限變成無限，實現團隊力量遠大於個人力量之和的效果。

協同精神要求團隊成員表現出「平時和睦相處，戰時密切配合，危時拼死相救」的軍隊精神，這是實現高效團隊協作的銳利武器。

50 團隊新名稱

遊戲主旨：

你有沒有想過理想中的團隊應該是什麼樣子？下面的遊戲將為你提供一個任意馳騁想像的空間。

遊戲人數：5 人一組

遊戲時間：30 分鐘

遊戲材料：3 釐米×5 釐米的卡片若干

遊戲場地：室內

遊戲應用：

(1)加強團隊成員之間的溝通與交流

(2)加強團隊凝聚力的訓練

活動方法：

1. 將團隊分成若干小組，每組 5 人。

2. 給每個小組一張卡片，上面印有一些無意義的首字縮略字母（3～4 個）。遊戲的任務是用它來創造出一個團隊的新名稱。

3. 每個小組通過討論，決定每個字母所代表的意思，然後向整

個團隊描述他們所創造出的新部門的名字。例如 PHDS 小組可以創造出「效率與人力設計系統」（productivity and human design system），然後繼續向整個團隊介紹這個虛構的部門的職能與活動範圍。讓每個小組有幾分鐘的時間進行討論，進行描述的時間為 1～2 分鐘。

4. 如果還有時間，除了讓每個小組描述他們的新名稱之外，讓他們完成以下任務：說明這個虛構的部門的任務，描述它的活動範圍和它的主要職能(給每個小組 8～10 分鐘進行討論，3～4 分鐘用於向整個團隊報告)。可以指定一個評判小組來評選出獲勝的小組。

5. 讓整個團隊選出最有創意的團隊的名稱，然後給予想出這個名字的小組成員一份獎品。

遊戲總結：

1. 一些看似毫無意義的英文字母卻可以聯想出很多個很有意義的名稱，所以這個遊戲可以幫助我們極大地鍛鍊自己的聯想能力和創造力。

2. 當大家在一起暢想這個部門的名稱、職責、業務範圍等等的時候，大家就好像面臨著一個一起創業的過程一樣，彼此之間的感情增進不少，更加強了彼此之間的溝通與瞭解，所以，當團隊中面臨不和諧的氣氛的時候，可以用本遊戲進行化解。

遊戲討論：

1. 你們小組是如何想出這個名字的呢？有沒有想到一些很好玩但是不太符合標準的名字？

2. 你的團隊的新名稱將通過什麼方式帶來新的機遇？它通過什麼方式限制了自身的靈活性？

 小 故 事

樂觀者與悲觀者

父親欲對一對學生兄弟作「性格改造」，因為其中一個過分樂觀，而另一個則過分悲觀。一天，他買了許多色澤鮮豔的新玩具給悲觀孩子，又把樂觀孩子送進了一間堆滿馬糞的車房裏。

第二天清晨，父親看到悲觀孩子正泣不成聲，便問：「為什麼不玩那些玩具呢？」

「玩了就會壞的。」孩子仍在哭泣。

父親歎了口氣，走進車房，卻發現那樂觀孩子正興高采烈地在馬糞裏掏著什麼。

「告訴你，爸爸。」那孩子得意洋洋地向父親宣稱，「我想馬糞堆裏一定還藏著一匹小馬呢！」

樂觀者在每次危難中都看到了機會，而悲觀者在每個機會中卻看到了危難。樂觀者與悲觀者之間，其差別是很有趣的：樂觀者看到的是油炸圈餅，悲觀者看到的是一個窟窿。

心得欄

51 心有千千結

遊戲主旨：

當你面對紛繁複雜的問題的時候，你會選擇怎麼辦？依靠自己的力量獨自承擔呢還是與大家一起合作，共同完成這個任務呢？

遊戲人數：每組 2～4 人

遊戲時間：15 分鐘

遊戲材料：每人一條兩端帶繩套，長約 1.5 米的繩子

遊戲場地：不限

遊戲應用：

(1)創新能力的訓練

(2)團隊合作精神的訓練

(3)活躍現場的氣氛

活動方法：

1. 每個學員都要從培訓者手中領到一根帶有繩結的繩子。

2. 每一個組員將自己手中的繩子與另一位組員手中的繩子交叉。

3. 每位組員都要將兩端的繩套套在自己的雙手手腕上。

4. 兩個人合作在不解開繩結，不使手脫離繩套的情況下，將交叉的繩子解開。注意：每個學員手上的繩套都不能脫離手腕，不能將自己兩隻手上的繩套互換。

5. 公佈參考答案：將一方的繩子從中間對折，將對折後的繩頭從對方手中的繩套由裏向外穿出(注意：對折和穿出繩子時都不要讓對折的繩子交叉)；分開對折的繩頭，讓這段繩套中的手從中間穿過；雙方拉直繩子即可。

遊戲總結：

在解開繩子的過程中需要兩個人的密切合作，共同想出解開繩子的辦法，正像在一個團隊中解決某些問題一樣，如果有的人使勁，有的人洩勁，有的人幹活，有的人說風涼話，大家不會溝通合作，那麼這個團隊就是一個最失敗的團隊，也是無法做成任何事情的。

遊戲討論：

1. 當你一開始拿到這個問題以後你的第一反應是什麼？你是否認為繩子是可以解得開的？

2. 你是否會進行嘗試，嘗試一段時間以後你有什麼感覺？你現在是否認為繩子是可以解開的？

3. 匯總一下你解決問題的方法和步驟，你認為這對於你思維的訓練有何好處？

團隊合作的小故事

奇蹟怎樣才出現

有個牧人把剛擠的一桶鮮奶靠在牆邊，牆上有三隻小青蛙打鬧時不小心全部掉進了奶桶裏。就這樣三隻小青蛙游也游不動，跳也跳不起。

第一隻青蛙說：「難怪早上眼皮就在跳，好端端掉進牛奶裏，我的命好苦啊！」然後，它就漂在奶裏一動不動，等待著死亡的降臨。

第二隻青蛙試著掙扎了幾下，感覺到一切都是徒勞，絕望地說：「今天死定了，我還不如死個痛快，長痛不如短痛。」於是它一頭紮進牛奶深處，自己淹死了。

第三隻青蛙什麼也沒說，只是拼命蹬後腿。

第一隻青蛙說：「算了吧，沒用的，這麼深的牛奶桶，再怎麼蹬也跳不出去啊。」

「也許能找到什麼墊腳的東西呢！」第三隻青蛙說。

但是桶裏只有滑滑的牛奶，根本沒有可以支撐的東西，第三隻青蛙一腳踏空，兩腳踏空……時間一分鐘一分鐘過去，它幾乎想放棄了，但是一種本能的求生慾望支持著它一次又一次地蹬起後腿。它感到牛奶越來越稠，越來越難以游動了……

然而，慢慢地奇蹟出現了，它們下面的牛奶硬起來了——原來牛奶在它拼命攪拌下，變成了奶油塊。待到等死的那隻小青蛙發現這一點，它興奮地叫起來，這時它的同伴已經差不多精疲力竭，然而兩隻小青蛙還是奮力一跳，終於都跳出了奶桶。而它們的另一個同伴，永遠都出不來了。

　　面對危機來臨時團隊士氣低落的局面，管理者要能夠給其他團隊成員帶來希望，讓整個團隊的士氣重新高漲。

　　面對危機，管理者要學會堅持，用自己的行動來消除團隊成員的悲觀情緒，最終帶領團隊走出危險的境地，步入健康發展之路。

52 完成蛛網模型

遊戲主旨：本遊戲的目的在於讓學員們體會計劃的重要性。

遊戲人數：分成小組，再按每排網眼數分成若干排

遊戲時間：15～20 分鐘

遊戲材料：用繩子編成的蜘蛛網一張，說明書一份

遊戲場地：空地

遊戲應用：
(1)溝通與合作
(2)領導能力培養

活動方法：

1. 培訓師先找一位「領導」及一位觀察員，單獨向領導交代任務並給他一份說明書：

——全體人員必須從網的一邊通過網孔過到網的另一邊

——在整個過程中，身體的任何部位都不得觸網

——每個洞只能被過一次，即不能兩人過同一洞

——你們的目的是要獲取最好成績

2. 由領導回到小組中傳達培訓師的指令。

3. 培訓師及觀察員開始觀察小組在聽領導分配任務時的反應，以及他們的計劃能力。

4. 觀察員記錄小組在執行任務的過程中都出現些什麼問題，包括計劃方面、溝通方面。

遊戲總結：

1. 本遊戲考察了學員的組織能力和團隊合作精神。每組的領導需要有較強的計劃能力和組織能力，在一得到說明書時就應該開始籌劃，以便回到隊中立即開始行動。其他人作為組員應在遵從領導的同時給予有效的建議，但仍要以配合他人為主。

2. 由於是幾個組同時競爭，所以別組的表現也會對本組產生影響。這時隊員間要互相鼓勵，以減少外來的壓力。

3. 作為一種有效的方法，可以先算出網的每行有多少個眼，然後將隊員按這個數字配成幾排，選出兩個人（最好包括領導）去舉網。由於規定每個網眼只可鑽一個人，因此舉網的人可以將第一排網眼舉到適合隊員鑽的位置，等第一排隊員鑽過之後再換舉第二排，讓第二排隊員通過，依次類推。這種方法可以節省很多時間，當然也需要隊員的高度配合。

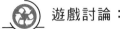

遊戲討論：

1. 你對計劃的重要性有什麼認識，你認為這次活動的計劃做得怎樣？

2. 該遊戲最難的地方是那裏，怎樣改進？

3. 在活動過程中，你感覺團隊的合作精神如何，是否有信任感？

小　故　事

選定目標不放棄

有一位老師在講台上諄諄告誡學生做事要專心，將來才會有成就。為了具體說明專心的重要，老師叫一名學生上台，雙手各持一隻粉筆，要求他在黑板上同時用右手畫方，左手畫圓，結果學生畫得一團糟。老師說：「這兩種圖形都畫得不像，那是因為分心的緣故。同時追逐兩隻兔子，不如專心追逐一隻兔子。一個人同時有兩個目標的話，到頭來將一事無成。」

成功最大的障礙，就在於放棄。人生就像爬階梯一樣，必須一步一階，絲毫取巧不得；只要一步一階，終必抵達山頂。

心得欄 ＿＿＿＿＿＿＿＿＿＿＿＿＿＿＿＿＿＿＿
＿＿＿＿＿＿＿＿＿＿＿＿＿＿＿＿＿＿＿＿＿＿＿
＿＿＿＿＿＿＿＿＿＿＿＿＿＿＿＿＿＿＿＿＿＿＿
＿＿＿＿＿＿＿＿＿＿＿＿＿＿＿＿＿＿＿＿＿＿＿
＿＿＿＿＿＿＿＿＿＿＿＿＿＿＿＿＿＿＿＿＿＿＿
＿＿＿＿＿＿＿＿＿＿＿＿＿＿＿＿＿＿＿＿＿＿＿

53 勇救兒童

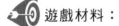 **遊戲主旨：**

在做任何事情之前都要有所計劃，提前作好計劃，會讓工作的實施事半功倍。

遊戲人數：10 人一組

遊戲時間：30 分鐘

遊戲材料：

- · 30 米長的繩子一條；
- · 20 米長的繩子兩條；
- · 塑膠娃娃一個；
- · 短竹竿兩條

遊戲場地：空地

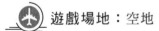 **遊戲應用：**

(1)團隊創新精神的培養
(2)團隊合作精神的訓練

活動方法：

1. 將一個塑膠娃娃放在地上，然後用一條長約 30 米的繩子在娃娃的週圍均勻地圍成一個圈。

2. 講師給學員們講下面的故事：

(1)繩子圍起的區域是一片沼澤地，這一天一個孩子不小心陷到沼澤地裏出不來了，急需援救。

(2)你們現在就是特工人員，任務就是將孩子安全地救出沼澤地，不得有任何閃失。

(3)注意：圈內為沼澤，所有人都不可以進入圈內，只可以使用兩條繩子和兩根竹竿，不得用竹竿碰觸孩子，以免弄傷孩子(小孩已處於昏迷狀態)。

(4)全體隊員必須在 30 分鐘內將娃娃救出來。

遊戲總結：

1. 每個人都積極開動腦筋，尋找最有創意的方法，團隊才有可能成功。另外，一定要形成一個明確的計劃，每一步該幹什麼，不能有絲毫的馬虎，所謂「棋錯一步，滿盤皆輸」，就是指由於沒有計劃好所帶來的失敗。

2. 要想獲得成功，還需要將每個人的責任劃分清楚，通力合作、互相支持才是根本的成功之道，因為個人的成功並不能代表團隊的成功，相反團隊的成功卻是每個人的成功。

遊戲討論：

1. 你們組可以想出多少個不同的方法將娃娃救出來？為什麼採用了現行的方法？

2. 你認為在全過程中，你們組的最佳表現是什麼？團隊的合作

精神表現在什麼地方？

　　3. 你們的救援過程一共分為幾步？每一個步驟還有什麼地方可以改進的？

團隊合作的小故事

有效管理看頭雁

　　一群大雁向南飛翔，它們不停地飛，沒有一個掉隊的。

　　忽然一隻雁的一根羽毛掉了，另一隻雁就對領頭的雁報告說：「不知是那隻雁把自己的羽毛弄掉了？」

　　頭雁說：「不管它，只管飛你的。」

　　又有一隻雁無意中眯了一下眼，又被那一隻雁發現了，它趕緊對領頭的雁說：「有隻雁眯了一下眼。」

　　頭雁說：「不管它，只管飛你的。」

　　突然，中間的一隻雁飛偏了一點，頭雁立即發話：「保持隊形。」

　　天空中，這群雁飛成一個又大又齊的「人」字。

　　管理者時刻要把團隊的總目標放在第一位，不能因為局部影響全局。

　　管理者只有把有限的精力放在重要的事情上，才能抓住問題的關鍵，也才能把握團隊的前進方向。

54 渡過高空懸崖

遊戲主旨：

團隊的合作精神和榮辱意識，可以通過一些高談闊論產生，亦可通過一些身體力行的遊戲加以培養，後者反而能達到更好的效果。

遊戲人數：10 人一組

遊戲時間：15 分鐘

遊戲材料：水桶，繩子

遊戲場地：空地(最好帶防護措施)

遊戲應用：

(1)突出團隊成員的相互幫助和提攜的重要性

(2)突出實現計劃和安排的重要性

活動方法：

1. 選擇一塊有橫樑的空地，然後將繩子繫在橫樑上，另一端垂在地面上，同時在地面上畫兩條線，線的中間的部位就代表懸崖。

2. 任務就是要求所有人都能從懸崖的這端到懸崖的另一端，同時他們要運送一桶水過去，一組一桶。可以借助繩子的幫助(記住要

保證兩條線的距離，不借助繩子的幫助是不可能跳過的），在此過程中，水不能灑出來，同時人不能掉下懸崖。

 遊戲總結：

1. 本遊戲是集體任務，單靠一人的努力是遠遠不夠的，要想大家都完成任務，就需要大家的合作和安排，例如讓運動能力好的人先做，這樣會對大家有一個示範作用，再例如讓身體素質好的人帶水桶，將他安排在中間的位置，這樣既有了經驗，也可以保證一旦失敗還有下一個。

2. 遊戲和平時的工作是相通的，當我們需要合力完成同一件任務時，老手幫助新手，前輩提攜後生都是非常重要的，大家一定要互相幫助，不要吝於把自己的知識告訴同伴，因為只有大家都好，集體才能好，你自己才能好，這也是為什麼新手進公司要先指定一名老員工帶他的原因。

 遊戲討論：

1. 你們組的任務是怎樣完成的？誰來擔負最艱難的任務——運水桶？應該安排在什麼時機？

2. 本遊戲可以給你什麼樣的啟示？

 小 故 事

誰都有所不能

有一隻駱駝離開主人，獨自漫步在偏僻的小道上。長長的韁繩拖在地下，它卻漫不經心地只管自己遛達著。這時，正好

來了一隻老鼠。它咬住韁繩的一頭，牽著這隻大駱駝就走。老鼠得意地想：「嘿，瞧我力氣多大啊！我能拉走一頭大駱駝呢！」

一會兒，它們來到河邊。大河攔住了去路，老鼠只好停了下來。這時，駱駝開口了：「喂！請你繼續往前走啊！」

「不行啊！」老鼠回答說，「水太深了。」

「那好吧，」駱駝說道，「讓我來試試看。」

駱駝到了河中心便站住了，它回頭叫道：「你瞧，我沒說錯吧，水不過齊膝蓋深呢。好啦，儘管放心下來吧！」

「是的。」老鼠答道。

「不過，正如你所看到的，你的膝蓋和我的膝蓋之間可有一點小小的差別啊。勞駕，請你渡我過河去吧！」

「好，你總算認識到自己的不足了。」駱駝說，「你很傲慢，也很自大。要是你能保證今後謙虛一點，那我才肯渡你過河。」

老鼠不好意思地答應了。就這樣，它們倆平安地到了對岸。

世界上沒有十全十美的事物，人都有自己所不能夠的。謙虛的人通常能看到自己的不足，與強者聯合共渡難關，在彼此關愛中享受生命的快樂。

55 造橋才能渡河

遊戲主旨：

團隊合作不僅需要團隊內的合作，有時也需要跟競爭對手合作，大家各取所需，達到雙贏的局面。

遊戲人數：10～12 人一組

遊戲時間：1 小時左右

遊戲材料：

每組：長竹(3 米)2 條、短珠(2 米)5 條、長繩(20 米)2 條、短繩(2 米)10 條

遊戲場地：空地

遊戲應用：

(1)加強學員對於團隊合作精神的認識

(2)幫助學員理解團隊內和團隊間合作的重要性

(3)幫助學員理解有效的溝通才是合作成功與否的關鍵

活動方法：

1. 將所有人分成兩個大組，一組人數在 10～12 人左右，剩下的

人可以在一旁以啦啦隊的形式出現。

2. 培訓者發給大家道具材料，然後讓大家設想如下場景：在大家的面前有一條 6 米長的小河，A 組的人在河的這一邊，B 組的人在河的另一邊。兩組人都想渡到河對岸去。

3. 河中有一個船夫(由培訓者扮演)，可以幫助搬運三件東西，包括人在內，一次搬運一件。

4. 看看大家需要多長時間，需要什麼工具才能渡過河去。

5. 注意事項：

(1)河岸兩邊的任何工具在過河的過程中不能碰到河水。

(2)任何碰到河水的人宣佈陣亡，碰到水的工具將被沒收。

 遊戲總結：

1. 大家應該開動思維，運用手頭可以得到的一切工具，完成任務，而不應該拘泥於你的我的之分。現實中，往往一說分組，大家就自然而然地將其作為一種競爭關係，實際上，組與組之間也可以是合作的關係，就像本遊戲一樣，並沒有規定大家一定要分出勝負，那大家為何不努力達到雙贏呢？

2. 在團隊工作的時候，首先一定要選出一名領導者，幫助大家確定行動計劃，指揮大家完成任務，在本遊戲中，他還可以充當溝通建橋兩組人之間意見的角色。

3. 如何使有限的資源得到最大限度的利用，是團隊中每一個人都應該認真考慮的一點。

遊戲討論：

1. 在遊戲的過程中，兩組隊員有沒有進行溝通與合作？兩個小組如何進行彼此間的溝通？

2. 資源在遊戲中是如何分配的？如何才能達到資源的有效利用？

團隊合作的小故事

相互依存火才出

火石與火鐮相互撞擊生出火花，可偏偏他們都認為是自己起了主要的作用。

火石說：「這是我體內蘊藏的火苗，與火鐮沒有什麼關係。」

火鐮說：「這是我撞擊出的火，與你火石又有什麼關聯呢？」

於是火鐮與火石都堅持各自的觀點，分手走各自的路。

有一天，火石想生火，便撞擊其他物體，撞了上百次也沒進出火花。火鐮也想生火，猛擊其他物體，像火石一樣也閃不出火星。

於是，它們明白了相互依存的可貴，雙方言歸於好，重新相聚，寸步不離。火絨聞知此事，立即躲避起來。火鐮與火石雖然相互撞擊，火星四射，可隨閃隨滅，最終是不能燃起火焰的。

團隊成員都有其存在的理由，各自發揮著不可替代的作用，既要認識到自己不可被替代，也要認識到別人同樣不可被替代。

妥善的分工合作，能促進團隊成員各司其職、各盡其責，使各個成員成為團隊機器上高效運轉、不可或缺的零件，最終使團隊協作向系統化、流程化的方向前進。

56 滑板隊

 **遊戲主旨：**

這是一個與「兩人三足」類似的遊戲，所不同的是遊戲者的數目增加了，難度也增加了。如何才能更好地完成任務呢？團隊間的合作意識是必不可少的。

遊戲人數：8 人一組

遊戲時間：15 分鐘

遊戲材料：木板、繩子或布條

遊戲場地：較大的空地，最好是草地或雪地

遊戲應用：

(1)對於學員團隊溝通和團隊協作的訓練

(2)提高團隊的凝聚力

(3)對於領導技巧的訓練

 **活動方法：**

1. 給每組準備一條長木板和一些繩子。

2. 每組的人各自站在兩條長木板上，要求每個人的一隻腳在一

條木板上，另一隻腳要在另外一條木板上，用繩子將他們綁在上面。

3. 要求各小組在規定的時間內到達目的地，其間不能離開木板。最早到達的組為獲勝組。

4. 為了增加遊戲的難度和趣味性，可以使其中部份人的身體朝向與其他人相反，可使活動更具有趣味性。

遊戲總結：

1. 個人之所以比集體的速度快，主要是因為集體成員之間協調不好，導致大家用力的方向和時機不一樣，此時協調的難度和滑板上的人員的數量應該是成正比的。滑板上人數越多，難度越大。此時如果大家能夠一起喊口號的話，可能會有助於加快前進的速度。

2. 在日常工作中也是如此，只有大家保持步調一致，通力合作，才能發揮比單個人大得多的力量，否則大家相互掣肘，效果反而不如以前。同樣，在工作中一定要確定出一個領導者，否則群龍無首也是不行的。

遊戲討論：

1. 迅速前進需要具備什麼樣的條件？你是否能體會到欲速則不達的真正含義？

2. 個人單獨前進與集體一起前進有什麼區別？為什麼個人單獨前進反而速度更快？

 小 故 事

小 黑 點

　　念中學時，一位老師和我們玩一個遊戲，他拿起一張白紙，紙上有一圓形小黑點，問我們看到什麼，十個人有九個人回答：「黑點。」

　　「這就是我們看人的角度，」老師語重心長地說，「我手裏拿著的明明是張雪白的紙，它只不過有一個小黑點，你們便忽略了大部份的白，只看到那點黑。」

　　我們總發現別人的缺點，忽視他們的優點，有時甚至會把一個缺點放大到等同整個人。

　　不單是觀人的態度，遊戲的寓意還可以推展至人生際遇。考試不及格、遺失了錢包、被老闆開除、跟情人鬧翻、遭朋友出賣、沒有中彩票……這些都是令人不快的原因，但如果張開心靈的眼睛看看，它們不過是一大張白紙中的小黑點而已，你還有健康的身體、清醒的腦袋、關懷你的家人、朋友和許許多多值得你高興的事物。

　　不開心時對著鏡子笑一笑，保證海闊天空。

57 不要觸電

遊戲主旨：

　　人不僅是一種自然生物，他還是一種社會生物，當他遇到困難的時候會本能地尋求他人的幫助，希望得到集體的庇佑，本遊戲就將充分說明這一點。

遊戲人數：集體參與，人數不限

遊戲時間：10 分鐘

遊戲材料：籬笆，棉墊子

遊戲場地：空地，最好是草地，或有棉墊子

遊戲應用：

(1)培養集體解決問題的意識和能力
(2)培養學員面對問題解決問題的能力

活動方法：

　　1.豎起一個高約 1.2 米的三角形的籬笆，籬笆的大小以能夠圈住小組的所有人為限，裏面僅留下少量的活動空間。
　　2.告訴人們這個籬笆上帶有高壓電，所以碰觸顯然是不可能

的，而且由於大家的身體會有相互的接觸，所以有一個人觸電，與之接觸的所有人就都宣告陣亡了。

3.大家的任務就是要通過這個籬笆（不是從下面鑽）。

4.由於籬笆太高，單靠自己的力量顯然是不可能通過的，所以大家一定要給予彼此以身體上的支援。

遊戲總結：

1.要想在艱苦的環境下完成任務，單靠個人的力量是不夠的，而集體的力量是無限的。這時就需要發揮人作為社會人的一面，大家合作完成任務，才是明智之舉。

2.要互相幫助，首先要幫助別人，因為只有你肯幫助別人，別人才會幫助你，只有先行付出，才會有更好的回報。道理很簡單，可惜很多人都不懂得。

遊戲討論：

1.你們的遊戲是成功還是失敗了？原因是什麼？

2.本遊戲對我們的日常生活和工作有什麼啟示？

團隊合作的小故事

抗寒排成一條線

在沙漠戈壁，日夜溫差竟是這麼大：中午，野狗們還被曬得伸著舌頭直喘氣；入夜，狂風驟起，溫度一下子降到零下十幾度，野狗們一隻隻凍得直打哆嗦。照這樣下去，不用等到天亮，大家非凍死不可。

　　一隻年紀較大的野狗頂著寒風站起來，召集大家向一個地方集中。

　　在這隻老狗的指揮下，野狗們一個緊跟著一個排成一隊，把頭埋在兩爪之間，讓身子儘量緊貼在地面上。那隻年紀較大的狗則爬在隊伍的最前面，迎著刺骨的寒風趴下來，用自己的身體掩護著後面的夥伴。狂風捲著沙粒不停地打在它的臉上、頭上、身上，像鞭子抽一樣疼痛難忍，但它一動也不動地堅持著。它知道，身後的同伴們都靠它擋風禦寒。它多堅持一分鐘，夥伴們就多一分安全。

　　半個小時過去了，它幾乎快被凍僵了。這時，一隻健壯的狗從隊伍的末尾爬到隊伍的最前面，把頭夾在兩爪之間，頂著狂風趴下來。它接替年紀較大的狗，為夥伴們避擋著刺骨的寒風。

　　半個小時又過去了，又一隻狗爬到隊伍的最前面，把頭夾在兩腿之間趴下來，替換下趴在最前面的那一隻狗。

　　肆虐的狂風呼號了一整夜，野狗們為夥伴擋風禦寒的交替也持續了一整夜。它們一隻接一隻趴到隊伍的最前頭，任憑風鞭不斷地抽打，沒有一個往後退的。

　　太陽升起來了，又一個溫暖的白晝降臨大地。野狗們抖抖身上的風沙跳起來。沙漠狂風夜，野狗無一傷亡。

　　具有犧牲精神的老野狗的所作所為，贏得了野狗們的擁護與愛戴，並齊心協力渡過了難關，迎來了溫暖的白晝。

　　管理者只有適時適當地給團隊成員以協助和教導，同時能夠以身作則，才能贏得團隊成員的支持與尊重。

　　當團隊面臨危機時，管理者要能夠勇敢地站出來承擔責

任，頂住壓力，只有這樣才能夠激發團隊成員的鬥志和潛力，
從而戰勝危機，轉危為安。

58　三隻小豬的故事

遊戲主旨：

在三隻小豬蓋房子的故事中，三隻小豬互相合作建成了一個漂亮
堅固的房子，並最終抵擋住了大灰狼的襲擊。

在本遊戲中，我們也將扮演一次小豬，看看自己拿繩子是否能建
出滿意的房子。

遊戲人數： 分成 3 組，每組 5 人左右

遊戲時間： 20 分鐘

遊戲材料： 三條繩子，分別長 20 米、18 米、12 米

遊戲場地： 空地

遊戲應用：

(1)幫助學員體會在團隊工作中溝通的重要性

(2)加強學員對於團隊合作精神的理解

(3)訓練學員對於結構變動的適應能力

活動方法：

1. 培訓者將學員們分成 3 組，保證每組 5 人左右。

2. 發給第 1 小組一條 20 米的繩子，第 2 小組一條 18 米的繩子，第 3 小組一條 12 米的繩子。

3. 規則：用眼罩把所有人的眼睛矇上，然後規定第一組圈出一個正方形，第二組圍成一個三角形，第三組圈成一個圓形。

4. 然後讓大家聯合起來用繩子建立一個繩房子，房子的形狀要由上述三個圖形組成，並且一定要看上去比較漂亮。

遊戲總結：

1. 每一組完成自己的任務時，是相對比較容易的，但是當需要大家一塊配合，建成一間房子的時候，事情就變得複雜起來了。三角形和正方形如何搭配，圓形應該放在什麼部位都是問題，所以越是在這種時候越需要大家相互之間的配合，需要大家的團體合作精神。

2. 要做好這個遊戲，首先要選定一個基準點和一個核心人員，要使大家都參照這一個坐標系進行行動，這樣才便於指揮，也可以防止場面的混亂。

3. 兄弟同心，其利斷金，講的就是大家一致對外，團結合作，終成正果的道理。小豬蓋房子需要這樣一種精神，在我們日常的工作和學習中也要如此。

遊戲討論：

1. 對第一個任務和第二個任務分別進行比較，那一個任務較易完成，為什麼？

2. 在完成第二個階段的任務的時候，大家會遇到什麼困難？你們是如何解決的？

 小 故 事

最優秀和最聰明的

1960 年，哈佛大學的羅森塔爾博士曾在加州一所學校做過一個著名的實驗。

新學年開始時，羅森塔爾博士讓校長把三位教師叫進辦公室，對他們說：「根據你們過去的教學表現，你們是本校最優秀的老師。因此，我們特意挑選了 100 名全校最聰明的學生組成三個班讓你們教。這些學生的智商比其他孩子都高，希望你們能讓他們取得更好的成績。」

三位老師都高興地表示一定盡力。校長又叮嚀他們，對待這些孩子，要像平常一樣，不要讓孩子或孩子的家長知道他們是被特意挑選出來的，老師們都答應了。

一年之後，這三個班的學生成績果然排在整個地區的前列。這時，校長告訴了老師們真相：它這些學生並不是刻意選出的最優秀的學生，只不過是隨機抽調的最普通的學生。老師們沒想到會是這樣，都認為自己的教學水準確實高。這時校長又告訴了他們另一個真相，那就是，他們也不是被特意挑選出的全校最優秀的教師，也不過是隨機抽調的普通老師罷了。

這個結果正是博士所料到的：這三位教師都認為自己是最優秀的，並且學生又都是高智商的，因此對教學工作充滿了信心，工作自然非常賣力，結果肯定非常好了。

在做任何事情以前，如果能夠充分肯定自我，就等於已經成功了一半。當你面對挑戰時，你不妨告訴自己：你就是最優秀和最聰明的，那麼結果肯定是另一種模樣。

59 連環馬

遊戲主旨：

中國《水滸傳》中有這樣一種戰術，叫做連環馬。連環馬戰術就是將數匹馬用鐵甲捆在一起，然後一起向前衝，所到之處所向披靡，真可謂是戰無不勝、攻無不克。其威力來源於大家一起努力互相合作的團隊精神。

遊戲人數：10 人一組

遊戲時間：5 分鐘

遊戲材料：若干個足球

遊戲場地：空地

遊戲應用：

(1)團隊協調能力的訓練

(2)團隊合作精神的培養

(3)發揮團隊與組織在團隊合作中的重大作用

活動方法：

1. 讓所有參與的學員站成一排，每兩人之間都放上一個足球。

2. 讓大家一起列隊向前走，走的時候，任何人之間的足球不能掉下來。

3. 如果有球掉了下來就重新開始，直到大家的球都不會掉下來為止。

 遊戲總結：

1. 在剛開始的時候，總是會有球掉下來，但等過了幾次之後，大家就會摸索出一些道理，例如大家可以一邊喊號子，一邊向前進，避免因步調不一而出現的失誤，這樣成功率就加大了很多。

2. 從本遊戲中我們可以體會到團體協作在完成團隊任務中的重要性。如果每個人都自行其是，按照自己的步調出發，必然會導致整個團隊的效率低下，同時個人也不會得到任何好處。但是如果每個人都從大局出發，保持彼此之間的步調一致，就可以達到集體和個人的雙豐收。

3. 在一個團隊中，如果能夠設定一個既定的目標，大家都朝那一個目標努力，就比較容易在不同的人之間達成共識，有助於彼此之間的溝通與合作。

 遊戲討論：

1. 為什麼在剛開始的時候，總是有球不斷地掉下來？

2. 經過幾次失敗之後，你們有沒有總結出什麼經驗，可以一直向前走並且球不會掉下來？

3. 本遊戲對我們的日常工作有什麼啟示？

團隊合作的小故事

獅子本性難移

獅子大半輩子都以殺戮其他動物為生，聲名狼藉。動物們都說它兇惡、殘忍、嗜血成性，不是好東西。

聽了這些議論，獅子思考再三，決定痛改前非，當眾宣佈：從此以後，放下屠刀，立地成佛，只吃素食，不再殺生。而且，它還從寺廟求來一串佛珠掛在脖子上，一天三遍誦念經文。

但是，吃了幾天素食以後，獅子便感到受不了了。肚子裏沒裝肉食，老是「咕咕」地抱怨，好像在叫「沒油水啦，沒油水啦！」四條腿總感到沒有力氣，走路老是打飄，像踩在棉花絮上。更讓它難受的是，每當看到小羊、小鹿等小動物從面前跑過時，心裏就像有千萬隻螞蟻在爬，奇癢難耐。但是，自己是發了誓的，自己怎麼好反悔？

正在獅子進退兩難的時候，狐狸送來了一隻又肥又嫩的羊。

獅子假裝不高興地說：「你怎麼送這樣的東西來呢？難道你不知道我已經宣佈不殺生了嗎？」

狐狸說：「那裏那裏，對大王立地成佛的決心，我們大夥都打心眼裏佩服，佩服得五體投地。這隻羊是自己不小心撞到樹上撞死的。接受一隻已經沒有生命了的羊和殺生完全是兩碼事。」

獅子用手背抹了一下嘴角的涎水說：「既然如此，你就把它留下吧。扔掉了也是一種浪費。要知道，浪費是一種犯罪行為呀！」

獅子美美地吃了一餐羊肉，摸出佛珠閉著眼睛念起經來。

第二天，狐狸送來一隻鹿。

獅子語氣十分嚴肅地問：「這隻鹿不會也是撞在樹上撞死的吧！是不是你殺死了它？」

「大王，小民可不敢做這種傷天害理的事！」狐狸連忙分辯說，「這隻鹿是在奔跑的時候，粗心大意跌到崖下摔死的！」

獅子沉吟了一會兒，揮揮手說：「你走吧，把它留下來，讓我把它處理掉。否則，屍體腐爛變質，污染環境，造成疾病流行，那可不得了！」

鹿肉被「處理」進肚子，獅子愜意地打了一個飽嗝，又開始閉目念經。

第三天，狐狸送來一條大魚。這回，它聲稱是山羊咬死的。週圍的動物們聽了，都竊竊私語，捂著嘴巴偷偷地笑。

獅子聽了大怒：「胡言亂語！山羊怎麼能咬死魚？」

狐狸知道自己說漏了嘴，正尋思挽救的辦法，獅子把它拉到一旁，小聲地責備它說：「笨蛋！真是個大笨蛋！你不會說是魚鷹咬死的？」

管理者要一諾千金，不能把信任建立在地位所帶來的權威之上，而是要靠自身對承諾的兌現所產生的感染力來影響團隊成員。

團隊需要有感染力和凝聚力的管理者，他們應知道如何靠言傳身教和身體力行來不斷增強自己的感染力和團隊的凝聚力。

60 尋找物品

💶 **遊戲主旨：**

本遊戲旨在通過讓學員們一起找尋某些東西，培養出他們的集體榮譽感和團隊合作精神。

💷 **遊戲人數：**小組參與

💲 **遊戲時間：**15 分鐘

🎯 **遊戲材料：**物品清單

✈ **遊戲場地：**不限

💷 **遊戲應用：**

(1)培養學員的團隊合作和分工意識

(2)理解事先的分工與計劃在實施任務時的重要性

ℹ **活動方法：**

1. 將全體學員分成 3～5 組。

2. 給每組特定的時間來完成任務，並且規定一些限制，例如要在一定的範圍之內，不影響到其他組等，再例如更刁鑽一些的，不許說話。

3. 向他們提供配好的物品清單，讓他們在規定的時間內找出這些東西。這些東西必須是可以找到的，但是需要大家的團結合作才能找到。例如，一隻活的小螞蟻，一朵從女士身上摘下來的鮮花。

4. 根據各組找到的物品的質量和數量進行打分。最後選出獲勝組，給予獎勵，可以讓失敗的組表演一些節目。

5. 可供選擇的其他項目：

(1)讓每個小組完成一個任務。

(2)讓他們選出他們認為會對小組完成任務有益的物品或想法。

(3)最後讓每個小組出示他們的結果，並進行客觀的分析比較。

遊戲總結：

1. 在小組裏面，可以從一開始就制定好分工合作，例如讓專人負責專門的物品，也可以是大家一哄而上，同時尋找所有的物品。那麼你認為那一種可以達到更好的效果，答案肯定是前者，因為前者才是最省事省力的辦法。經過考慮之後再進行實施，永遠要比沒有計劃直接實施的效果好。

2. 大家可能因為這只是一個很小的遊戲就產生了輕視它的想法，殊不知小遊戲中蘊含著大道理，只有重視每一次的實踐，才能在以後的工作中也做出同樣出色的成績。

遊戲討論：

1. 你們小組是如何完成這次任務的？怎樣才能達到更好的效果？

2. 如果你們要完成的任務是一件極其嚴肅的事情，你們的做法是否會與現在有所不同？

小 故 事

昂起頭來真美

　　珍妮是個總愛低著頭的小女孩，她一直覺得自己長得不夠漂亮。有一天，她到飾物店去買了個綠色蝴蝶結，店主不斷讚美她戴上蝴蝶結挺漂亮，珍妮雖不信，但是戴上之後還是挺高興，不由昂起了頭，急於讓大家看看，出門與人撞了一下都沒在意。

　　珍妮走進教室，迎面碰上了她的老師，「珍妮，你昂起頭來真美！」老師愛撫地拍拍她的肩說。

　　那一天，她得到了許多人的讚美。她想一定是蝴蝶結的功勞，可往鏡子前一照，頭上根本就沒有蝴蝶結，一定是出飾物店時與人一碰弄丟了。

　　自信原本就是一種美麗，而很多人卻因為太在意外表而失去很多快樂。別看它是一頭黑母牛，牛奶一樣是白的。無論是貧窮還是富有，無論是貌若天仙，還是相貌平平，只要你昂起頭來，快樂會使你變得可愛——人人都喜歡的那種可愛。

心得欄

----

61 比比誰高

遊戲主旨：

一個團隊的成功需要很多因素的配合，其中冷靜沉著的指揮是成功的關鍵。本遊戲即幫助學員瞭解面對轉變時應該採取的策略，以及如何與隊員之間保持高效的溝通。

遊戲人數：5 人一組

遊戲時間：10 分鐘左右

遊戲材料：

每組一套工具：兩副撲克牌、60 隻吸管、一盒萬年夾

遊戲場地：室內

遊戲應用：

(1)讓學員體會團隊溝通與合作的重要性

(2)培養學員的領導能力

(3)培養學員的應變能力

活動方法：

1. 培訓者將所有的學員分成 5 人一組，然後發給每個小組一套

材料：兩副撲克牌、60 隻吸管和一盒萬年夾。

2. 所有的小組要在規定的時間內用所有的材料做成一件物體，物體的形狀不限，但是一定要做得儘量又高又穩。

3. 培訓者要測量每一個小組的物體的高度，但是在測量之前，培訓者要事先在桌子上拍一掌，那組的物體沒有倒下就為勝利的隊。

4. 在第二次活動的時候，培訓者趁大家不注意拿來一套其他的東西，讓各個小組比高，做得最高的獲勝的小組，看看各個小組如何反應。

 遊戲總結：

1. 一個團隊需要一個總工程師指揮，用於調配人力和物力，這樣行動起來才有效率。領導、溝通、應變三者有機結合，事情才能朝著有序、協調、順利的方向發展。

2. 建得最高最好雖然是追求的目標，但是一定要打好地基，所謂萬丈高樓平地起，如果基礎不牢固的話，就會造成在後面的檢查中折翼，反而還不如不做呢。

3. 在遊戲中，一定要注意大家之間的溝通，要鼓勵大家各抒己見，否則容易出現有人發現錯誤但是無人指正錯誤的局面，同時又要保證指揮者的高度權威性，從而保證實施上的惟一性。

遊戲討論：

1. 在遊戲的過程中，組員之間的溝通如何？在面對突如其來的改變的時候，大家的心情如何？

2. 怎樣才能在工作中有更好的表現，需要團隊有什麼應變措施？

團隊合作的小故事

老虎也有軟弱面

作為森林王國的統治者，老虎幾乎飽嘗了管理工作中所能遇到的全部艱辛和痛苦。它終於承認，原來自己也有軟弱的一面。老虎多麼渴望可以像其他動物一樣，享受與朋友相處的快樂，能在犯錯誤時得到哥們兒的提醒和忠告。

老虎問猴子：「你是我的朋友嗎？」

猴子滿臉堆笑著回答：「當然，我永遠是您最忠實的朋友。」

「既然如此，」老虎說，「為什麼我每次犯錯誤時，都得不到你的忠告呢？」

猴子想了想，小心翼翼地說：「作為屬下，我可能對您有一種盲目崇拜，所以看不到您的錯誤。也許您應該去問一問狐狸。」

老虎又去問狐狸。狐狸眼珠轉了一轉，討好地說：「猴子說得對，您那麼偉大，有誰能夠看出您的錯誤呢？」

高處不勝寒，孤獨的管理者是可悲的，要改變這種狀況，管理者就應該放下架子，與團隊成員進行深入的溝通。

管理者要想聽到來自下屬的真實的意見，首先需要獲得下屬的信任。缺乏信任的溝通不但不會得到真實的信息，還可能會對管理者產生誤導。

62 搶渡金沙江

遊戲主旨：

本遊戲通過一個有趣的比賽，幫助大家體會「分析、目標、戰略、計劃、分工」的工作程序，同時體驗統一的目標和行為規範對於團隊績效的重要性。

遊戲人數：10 人一組

遊戲時間：30 分鐘

遊戲材料：紙板箱、封箱帶、膠水等

遊戲場地：空地

遊戲應用：

(1) 體驗統一的目標和行為規範對於團隊績效的重要性
(2) 領導能力和創新精神的訓練
(3) 練習「分析、目標、戰略、計劃、分工」的工作程序
(4) 強化團隊溝通和團隊合作意識

活動方法：

1. 培訓者首先將所有參賽人員每 10 人分為一組，以龍、虎、獅、

豹等命名……。

2.培訓者公佈任務：每組按照組織者事先提供的各種原材料和工具(包括紙板箱、封箱帶膠水等)，自行設計、製作兩座相同的橋，並以這兩座橋作為「渡江」工具，渡過規定寬度的「金沙江」。其中，所用原材料和工具較少、製作時間較短、「渡江」速度較快、橋身強度及美觀度較高、計劃性較好、隊員的分工配合較優的組獲得優勝。

3.渡江要求：同組的 10 個人全部站在 A 橋上，然後把 B 橋移到A 橋前，10 個人再全部轉移到 B 橋上，……如此不斷前進。轉移過程中橋不能塌陷、任何人不得從橋上下來……

 遊戲總結：

1.生活在金沙江邊的一個少數民族，每年春江水暖的時候，都要舉行聲勢浩蕩的傳統渡江比賽，有趣的是，他們的渡江工具並不是「船」而是「橋」，而且除了渡江速度外，橋的美觀度、比賽選手的配合熟練程度等都是決定勝負的重要因素，在他們樸素的民間遊戲中，包含著豐富的團隊管理思想……

2.本遊戲可以幫助大家體會到團隊管理中的很多思想，例如它可以讓我們體會到同一目標以及行為規範對於團隊的重要性，體會領導能力和協作能力對於團隊的不同影響等等。

遊戲討論：

1.這樣的渡河方法對於你來說有什麼新奇的地方？

2.要想渡河成功，關鍵是什麼？反映了團隊管理的什麼思想？

 小 故 事

從分粥談起

有七個人曾經住在一起，每天分一大桶粥。要命的是，粥每天都是不夠的。

一開始，他們抓鬮決定誰來分粥，每天輪一個。於是乎每週下來，他們只有一天是飽的，就是自己分粥的那一天。

後來他們開始推選出一個道德高尚的人出來分粥。強權就會產生腐敗，大家開始挖空心思去討好他，賄賂他，結果弄得整個小團體烏煙瘴氣。

然後大家開始組成三人的分粥委員會及四人的評選委員會，互相攻擊扯皮下來，粥吃到嘴裏全是涼的。

最後想出來一個方法：輪流分粥，但分粥的人要等其他人都挑完後拿剩下的最後一碗。為了不讓自己吃到最少的，每人都儘量分得平均，就算不平，也只能認了。大家快快樂樂，和和氣氣，日子越過越好。

同樣是七個人，不同的分配制度，就會有不同的風氣。所以一個單位如果有不好的工作習氣，一定是機制問題，一定是沒有完全公平公正公開，沒有嚴格的獎勤罰懶。如何制訂這樣一個制度，是每個領導者需要考慮的問題。

63 建設大橋

遊戲主旨：
　　一個團隊的成功取決於什麼呢？一個團隊的成功取決於很多因素，但是成員之間的相互扶持和鼓勵是至關重要的。本遊戲可幫助參與者體會出團隊致勝的重要性。

遊戲人數：5 人一組

遊戲時間：30 分鐘

遊戲材料：紙，剪刀，膠布等建橋材料

遊戲場地：室內

遊戲應用：
(1)團隊中分工合作重要性的訓練
(2)對於學員團隊合作精神的培養
(3)團隊創新能力的培養

活動方法：
1. 每組參與者抽籤決定各組的「任務計分紙」。
2. 按計分紙上的點數來決定可選取的基本物資的數量，每一點

可選一項物資。

　3. 建一條不低於 1 米，寬不小於 0.2 米，高大於 0.15 米的橋面。

　4. 每組設計必須體現各組的特色並為各組的設計命名。

　5. 時間限制為 30 分鐘。

　6. 完成後將各組的橋面相連，若過山車可從橋面上順利通過，則遊戲成功。

遊戲總結：

　1. 在一場遊戲之後，你會發現有的組建的橋非常漂亮，但是華而不實，經不起過山車從上面經過；有的組雖然並沒有多麼華麗的外表，但是經得起考驗。這裏面的區別在什麼地方？這些都值得大家好好的玩味，因為這正體現了兩種不同集體的處事態度，一種人是把功夫做在表面上，另一種人則是把功夫做在內瓤裏，績效如何，一看便知。

　2. 一個團隊是由不同的人組成的，每一個人有每一個人的不同特性，因此團隊才會有比個人更大的力量，關鍵是要看有沒有把合適的人用在合適的崗位上，把好鋼用在刃上，讓大家都能發揮自己的才能。

遊戲討論：

　1. 什麼樣的設計在你看來最有新意？你們組的設計是什麼樣？

　2. 在設計的過程中，你們組是如何分工的？有沒有做到各盡所能，各顯神通呢？

團隊合作的小故事

績效設計是關鍵

黑熊和棕熊喜食蜂蜜，都以養蜂為生。它們各有一個蜂箱，養著同樣多的蜜蜂。有一天，它們決定比賽看誰的蜜蜂產的蜜多。

黑熊想，蜜的產量取決於蜜蜂每天對花的「訪問量」。於是它買來了一套昂貴的測量蜜蜂訪問量的績效管理系統。在它看來，蜜蜂所接觸的花的數量就是其工作量。每過完一季，黑熊就公佈每隻蜜蜂的工作量；同時，黑熊還設立了獎項，獎勵訪問量最高的蜜蜂。但它從不告訴蜜蜂們它是在與棕熊比賽，它只是讓它的蜜蜂比賽訪問量。

棕熊與黑熊想得不一樣。它認為蜜蜂能產多少蜜，關鍵在於它們每天採回多少花蜜——花蜜越多，釀的蜂蜜也越多。於是它直截了當地告訴眾蜜蜂：「我在和黑熊比賽看誰的蜜蜂產的蜜多。它花了不少的錢買了一套績效管理系統，測量每隻蜜蜂每天採回花蜜的數量和整個蜂箱每天釀出蜂蜜的數量，並把測量結果張榜公佈。我也設立了一套獎勵制度，重獎當月採花蜜最多的蜜蜂。如果一個月的蜂蜜總產量高於上個月，那麼所有蜜蜂都將受到不同程度的獎勵。」

一年過去了，兩隻熊查看比賽結果，黑熊的蜂蜜不及棕熊的一半。

黑熊的評估體系很精確，但它評估的績效與最終的績效並不直接相關。黑熊的蜜蜂為盡可能提高訪問量，都不採太多的花蜜，因為採的花蜜越多，飛起來就越慢，每天的訪問量就越

少。另外，黑熊本來是為了讓蜜蜂搜集更多的信息才讓它們競爭，由於獎勵範圍太小，為搜集更多信息的競爭變成了相互封鎖信息。蜜蜂之間競爭的壓力太大，一隻蜜蜂即使獲得了很有價值的信息，如某個地方有一片巨大的槐樹林，它也不願將此信息與其他蜜蜂分享。

　　而棕熊的方法則不一樣，因為它不限於獎勵一隻蜜蜂。為了採集到更多的花蜜，棕熊的蜜蜂相互合作，嗅覺靈敏、飛得快的蜜蜂負責打探那裏的花最多最好，然後回來告訴力氣大的蜜蜂一起到那裏去採集花蜜，剩下的蜜蜂負責貯存採集回來的花蜜，將其釀成蜂蜜。雖然採集花蜜多的能得到最多的獎勵，但其他蜜蜂也能獲得部份好處，因此蜜蜂之間遠沒有到人人自危、相互拆台的地步。

　　在建立激勵制度時，選取的激勵要素不同，最終的結果將有很大不同。因此，管理者在選擇激勵要素時一定要綜合考慮，全面衡量，以免造成選擇錯誤。

　　管理者選擇的激勵要素決定了團隊成員努力的標準和方向，決定了團隊成員的協作意願與競爭程度。管理者選擇前應該充分考慮各種激勵要素的利弊。

64 踏板運水接力

 **遊戲主旨：**

　　一個很小的行動遊戲，卻在小遊戲中蘊含著大道理，我們可以在遊戲的中間體會相互合作、團隊互助的重要性。

遊戲人數：6 人一組

遊戲時間：10 分鐘

 遊戲材料：

　　踏板 4 副，大塑膠桶 9 個(其中 4 個空桶放終點，4 個裝滿水的放起點，1 個裝滿水的在起點處備用)，小塑膠盆 16 個，中塑膠桶 1 個(加水備用)，秒錶 1 個，鼓 1 個，鑼 1 面。

 遊戲場地：空地

遊戲應用：

(1)加強團隊的溝通與合作

(2)增進團隊凝聚力

(3)活躍氣氛

活動方法：

1. 每隊男女各 6 人，共計 12 人，分三個小組進行接力，每小組須配置 2 男 2 女。

2. 比賽流程：

(1)預備：每組第一位隊員踏板一對，放第一小組隊員右側；每組 4 位協作隊員各端水一盆。

(2)培訓者宣佈「開始」，各隊第一組隊員迅速將雙腳分別伸入踏板腳套中，右手端協作隊員遞過來的水盆，左手搭上前一位隊員的左肩（最前面一位隊員除外）前行。

(3)到達終點，將水盆中的水倒入本隊的水桶後，按原方式原路返回。

(4)返回起點，隊員雙腳離開踏板，水盆交協作隊員打水。

(5)下一組開始。

(6)最後十秒，培訓者開始讀秒：十、九……一，停（鳴鑼）！

3. 規則：

(1)比賽時間 10 分鐘，以運送水的多少決出名次。

(2)打水可以由協作隊員進行，但協作隊員必須是隊員，非隊員不能提供任何協助。

(3)終點倒水除本人或本小組其他隊員協助外，其他人員不能提供任何協助。

(4)倒水時可以雙腳離開踏板。

(5)終點踏板掉頭時，可以用手協助掉頭，但位置應與掉頭前大體相當。

(6)2 男 2 女一組，男女隊員前後踏板位置不作限制。

(7)中途倒地可以重新套上踏板端起水繼續前進。

(8)某隊如果第三組完成後仍有時間，可由 12 個隊員中的任意四

位隊員(仍需 2 男 2 女)繼續，直至 10 分鐘時間結束，培訓者鳴鑼收兵。

4.獎勵：獎勵第一名，其他隊獲鼓勵獎。

 遊戲總結：

1.當面對一個目標向前努力的時候，團隊往往能比個人創造出更多的奇蹟，這是因為團隊是多個人的加總，又不是簡單的加總，大家可以在合作中互補，相互幫助，獲得更大的成功。

2.很小的遊戲卻可以反映出一個很大的道理，同伴之間要相互合作完成一件獨立不可完成的任務，實際上就是我們日常生活中的正常寫照，只不過有時候現實生活中的關係要相對隱晦一些而已，但是道理都是相同的，相互間的諒解、溝通與合作實際上是完成任務的重要前提。

遊戲討論：

1.玩這種遊戲通常會增進學員之間的友愛之情，除此之外你有沒有從遊戲之中獲得一些其他的東西？

2.本遊戲對我們的日常工作有什麼幫助？

小 故 事

活著的每一天都是特別的日子

一位太太剛去世不久，她丈夫在整理她的東西的時候，發現了一條絲質的圍巾，那是他們去紐約旅遊時，在一家名牌店買的，那是一條雅致、漂亮的名牌圍巾，高昂的價格標籤還掛在上面，他太太一直捨不得用，她想等一個特殊的日子才用。「再也不要把好東西留到特別的日子才用，你活著的每一天都是特別的日子！」

如果有什麼值得高興的事，有什麼得意的事，現在就要聽到，就要看到。我們常想跟老朋友聚一聚，但總是說「找機會」。

我們常想擁抱一下已經長大的小孩，但總是等適當的時機。我們常想寫封信給另外一半，表達一下濃郁的情意，或甚至想讓他知道你很佩服他，但總是告訴自己不急。到頭來，留下了很多不該留下的東西，包括遺憾。

生活應當是我們珍惜的一種經歷，而不是要捱過去的日子。每一天，每一分鐘都是那麼可貴。每天早上我們睜開眼睛時，都要告訴自己這是特別的一天：你該盡情地跳舞，好像沒有人在看你一樣；你該盡情地愛人，好像從來不會受傷害一樣……

65 通力合作

遊戲主旨：

團隊的魅力在於組員的通力合作，以完成個人不可能完成的任務。這個遊戲是讓學員體會作為團隊成員，通過與別人的共同努力達到目標的成就感。

遊戲人數：每組 10～15 人

遊戲時間：20 分鐘

遊戲材料：與組數對應數量的長繩子

遊戲場地：開闊場地

遊戲應用：

(1)團隊合作精神

(2)激發創造力

活動方法：

1. 培訓者將學員分成 10～15 人一組，小組數在 2～3 組為宜。

2. 小組分好後，發給每組一根長繩子，讓每組的人圍成一個圓圈，用這根長繩子將每個人的手臂與旁邊人的手臂拴在一起。

3. 現在讓每個小組互相對其他組發號施令。接到命令的組必須想盡辦法完成，否則即為輸。這些指令可以是：幫每個組員倒水，組成一個藝術作品，搬運東西等。

 遊戲總結：

1. 本遊戲看似簡單，但實際操作起來卻需要組員的密切配合和想像力才可以完成。就團隊合作而言，每組應先選出一個領導人。他的任務是對接到的命令向全組作部署，安排每個人的任務並指導他們行動。必要時還可以帶領大家喊口號，以保持每個人行動的一致。

2. 每組向別的組發號施令時，一定是絞盡腦汁刁難對手的。相對的，接受命令的組就需要想盡各種辦法以免被對手難住。這就需要組員各施所長，積極貢獻自己的才智。

遊戲討論：

1. 接到其他組的指令時，你們組是如何部署和行動的？
2. 你們組是否選出了一個領導者？他發揮了那些作用？

團隊合作的小故事

學習才能把命保

在一個漆黑的晚上，老鼠首領帶領著小老鼠出外覓食。在某個人家廚房內的垃圾桶週圍發現有很多剩餘的飯菜，對於老鼠來說，就好像人類發現了寶藏。

正當一大群老鼠在垃圾桶附近大吃之際，突然傳來了一陣令它們肝膽俱裂的聲音，那就是一隻大花貓的叫聲。它們各自

四處逃命，但大花貓窮追不捨，終於有兩隻小老鼠被大花貓捉到。當大花貓正要把它們當點心美餐一頓的時候，突然傳來一連串兇惡的狗吠聲，大花貓嚇得手足無措，丟下小老鼠後狼狽逃命去了。

大花貓跑了以後，老鼠首領悠悠然從垃圾桶後面走出來說：「我早就對你們說過，多學一種語言很重要。」

從此，鼠群刮起了學習風氣，老鼠們不但向首領學習狗吠，還偷偷學習貓叫、研究躲避蛇的技巧等，鼠群的日子也越來越好過。

學習是團隊成員打開問題之門的鑰匙，是團隊成員進行創新的播種機。只有不斷學習，團隊成員才能源源不斷地積累解決問題和進行創新的方法和技能。

管理者要想帶動整個團隊成員的學習積極性，必須首先從自己做起，以身作則，並通過適當的時機告訴團隊成員學習的重要性，才能收到較好的效果。

心得欄

66 叢林求生記

遊戲主旨：

這個遊戲的目的在於說明，團隊的智慧高於個人智慧的平均組合，只要學會運用團隊工作方法，可以達到更好的效果。

遊戲人數：

先以個人形式，之後再以 5 人的小組形式完成

遊戲時間：30 分鐘

遊戲材料：迷失叢林工作表及專家意見表

附：「迷失叢林」工作表

1. 藥箱
2. 手提收音機
3. 打火機
4. 3 隻高爾夫球杆
5. 7 個大的綠的垃圾袋
6. 指南針
7. 蠟燭
8. 手槍

---

9. 一瓶驅蟲劑

10. 大砍刀

11. 蛇咬藥箱

12. 一盒輕便食物

13. 一張防水毛毯

14. 一個熱水瓶

專家選擇：

藥箱 6　手提收音機 13　打火機 23　支高爾夫球杆 117　一個大綠色垃圾袋 7　指南針 14　蠟燭 3　手槍 12　一瓶驅蟲劑 5　大砍刀 1　蛇咬藥箱 10　一盒輕便食物 8　一張防水毛毯 4　一個熱水瓶 9

 遊戲場地：教室及會議室

 遊戲應用：

(1)溝通與合作

(2)工作方法提高

 活動方法：

1. 培訓師把「迷失叢林」工作表發給每一位學員，而後講下面一段故事：

你是一名飛行員,但你駕駛的飛機在飛越非洲叢林上空時飛機突然失事，這時你們必須跳傘。與你們一起落在非洲叢林中有 14 樣物品，這時你們必須為生存做出一些決定。

2. 在 14 樣物品中，先以個人形式把 14 樣物品以重要順序排列出來，把答案寫在第一欄。

3. 當大家都完成之後，培訓師把全班學員分為 5 人一組，讓他們開始進行討論，以小組形式把 14 樣物品重新按重要順序再排列，把答案寫在工作表的第二欄，討論時間為 20 分鐘。

4. 當小組完成之後，培訓師把專家意見表發給每個小組，小組成員將把專家意見填入第三欄。

5. 用第三欄減第一欄，取絕對值得出第四欄，用第三欄減第二欄得出第五欄，把第四欄累加起來得出一個個人得分，第五欄累計起來得出小組得分。

6. 計算個人得分（第 4 步總和）。

7. 計算團隊得分（第 5 步總和）。

8. 統計小組中最低個人得分。

9. 計算個人得分低於團隊得分的總和。

10. 計算個人得分的平均數。

11. 培訓師把每個小組的分數情況記錄在白板上，用於分析小組得分，全組個人得分，團隊得分，團隊平均分。

12. 培訓師在分析時主要掌握兩個關鍵的地方：

(1) 找出團隊得分低於平均分的小組進行分析，說明團隊工作的效果（1＋1＞2）。

(2) 找出個人得分最接近團隊得分的小組及個人，說明該個人的意見對小組的影響力。

遊戲總結：

1. 我們需要弄清楚三次評價的差異是否很大，這些差異的主要原因是什麼。學員們作決定遵循的原則與野外求生的原則不一致可以作為一個原因，但是卻不是主要的。這個遊戲讓學員們體會了溝通與合作在關鍵時刻的重要性。認真聽取他人的意見和借鑑他人的經驗是

很有幫助的。這種幫助不僅體現在危急時刻，還存在於日常工作中。

2. 看了專家意見後你會發現，自己的價值觀與專家的有很大不同。這提示我們，儘管堅持自己的原則和價值觀很重要，但也應該尊重和重視不同領域的特有規則，瞭解之後將有助於我們深入這個領域而不至於鬧笑話。因此尊重專業性是必要的。

 遊戲討論：

1. 你對團隊工作方法是否有更進一步的認識？
2. 你的小組是否有出現意見壟斷的現象，為什麼？
3. 你所在的小組是以什麼方法達成共識的？

 小 故 事

方向決定命運

過去同一座山上，有兩塊相同的石頭，三年後發生截然不同的變化，一塊石頭受到很多人的敬仰和膜拜，而另一塊石頭卻受到別人的唾罵。這塊石頭極不平衡地說道：老兄呀！曾經在三年前，我們同為一座山上的石頭，今天產生這麼大的差距，我的心裏特別痛苦。另一塊石頭答道：老兄，你還記得嗎？曾經在三年前，來了一個雕刻家，你害怕割在身上一刀刀的痛，你告訴他只要把你簡單雕刻一下就可以了，而我那時想像未來的模樣，不在乎割在身上一刀刀的痛，所以產生了今天的不同。

兩者的差別：一個是關注想要的，一個是關注懼怕的。過去的幾年裏，也許同是兒時的夥伴、同在一所學校念書、同在一個部隊服役、同在一家單位工作，幾年後，發現兒時的夥伴、

同學、戰友、同事都變了，有的人變成了「佛像」石頭，而有的人變成了另外一塊石頭。假如有一輛沒有方向盤的超級跑車，即使有最強勁的發動機，也一樣會不知跑到那裏；同理，不管你希望擁有財富、事業、快樂，還是期望別的什麼東西，都要明確它的方向在那裏，我為什麼要得到它，我將以何種態度和行動去得到它。

「人生教育之父」卡耐基說：「我們不要看遠方模糊的事情，要著手身邊清晰的事物。」假設今天上帝給你一次機會，讓你選擇五個你想要的事物，而且都能讓你夢想成真，你第一個想要的是什麼，假如只要你選擇一個，你會做何選擇呢？假如生命危在旦夕，你人生最大的遺憾，是什麼事情沒有去做或者尚未完成？假如給你一次重生的機會，你最想做的事情是什麼？如果發現了你最想要的，就把它馬上明確下來，明確就是力量，它會根植在你的思想意識裏，深深烙印在腦海中，讓潛意識幫助你達成所想要的一切。在這個世界上沒有什麼做不到的事情，只有想不到的事情；只要你能想到，下定決心去做，你就一定能得到。

不是我們的命運沒有別人的好，而是我們人生的方向是不是同別人的一樣好才是關鍵。

67 人型象棋比賽

 遊戲主旨：

本遊戲幫助大家充分認識到如何組建一個企業團隊。

 遊戲人數：分成兩組，每 16 人一組

 遊戲時間：60 分鐘

 遊戲材料：

做好一個能方便 32 個人移動的大棋盤(3×5m)

 遊戲場地：空地

 遊戲應用：

(1)幫助學員體會團隊組建的共性部份及領悟團隊的分工協作

(2)團隊合作意識的訓練報數

 活動方法：

1. 將學員分成 2 組。

2. 一組象徵一個團隊，每個成員扮演一個角色(即象棋中的一個棋子)，每個角色按象棋規則在準備好的大棋盤上移動。

3. 兩個組按照象棋規則進行競賽。

4. 培訓師將學員領到遊戲場地，不作任何提示，宣佈兩組第一次比賽開始。

5. 培訓師對第一次遊戲進行小結，宣佈第二次遊戲規則：

(1)一組象徵一個團隊，團隊的每個成員扮演一個角色(即象棋中的一個棋子)，每個角色按照象棋規則在準備好的大棋盤上移動。

(2)兩個組按照象棋規則進行競賽。

(3)在第二次競賽前，兩個小組按照象棋規則分別形成團隊內部結構框架，建立團隊與外界的初步聯繫的程序。

(4)選出小組的領導人(即擔任將或帥的角色)，領導人協調、領導本小組進行比賽。

6. 培訓師宣佈第二次比賽開始。培訓師及助教認真觀察遊戲過程中小組的表現並匯總。

遊戲總結：

1. 形成團隊的內部結構框架。團隊的內部結構框架包括團隊的任務、目標、角色構成、人員構成(成員、內部領導)、行為準則等，包括具體的成員與領導，並進行各自的角色分配，包括各自的權利、義務等內容。

2. 建立團隊與外界的初步聯繫，主要包括：

(1)建立起團隊與組織其他工作集體及職能部門的資訊聯繫及相互關係。

(2)確立團隊的許可權，如自由處置的許可權、須向上級報告請批的事項、資源使用權、資訊接觸的許可權等。

(3)建立對團隊的績效進行考評、對團隊的行為進行激勵與約束的制度體系。

(4)爭取對團隊的技術(如資訊系統)支援、高層領導支持、專家

指導及物資、經費、精神方面的支持。

　　⑸建立團隊與組織外部的聯繫與協調的關係。

　　3.團隊組建基本模式。團隊目標、團隊資源、團隊控制程序、團隊決策程序、資訊疏通程序、團隊創新、團隊協調領導程序、團隊評估程序的確立。

 遊戲討論：

　　1.對於第一次比賽來說：

　　⑴那一組表現得比較好？原因是什麼？

　　⑵團隊組建開始時需要做那些工作？

　　2.對第二次比賽進行討論：

　　⑴贏得勝利的小組，在組建時所做的準備那些是值得提倡的？失敗的小組表現那些是不足的？

　　⑵如何形成團隊內部結構框架，如何建立團隊與外界的初步聯繫的程序？

　　⑶在遊戲過程中，團隊成員的協作表現在那些方面？

團隊合作的小故事

練習飛行為逃跑

　　雉雞媽媽正在給寶寶餵食，正巧有一獵人經過，不幸雉雞一家被獵人捉回家，關在同一個鳥籠裏。

　　雉雞媽媽非常生氣，但又沒有辦法，於是每天教 4 個寶寶練習飛行動作，希望有機會飛走，擺脫牢籠的束縛。

　　雖然鳥籠牢牢地鎖著，但是雉雞媽媽還是讓寶寶每天堅持

練習，其中有一金尾雉，疑惑地問媽媽：「我們被關在這裏，往那兒飛呀？每天練習這麼辛苦有用嗎？」

雉雞媽媽說：「孩子，咱們是鳥類，是鳥類就應該學會飛行的本領啊！有了本領，只要有機會肯定能用得上！」於是 4 個雉雞寶寶每天堅持在鳥籠中練習飛行動作，把一雙翅膀練得強勁有力。

有一天，獵人家調皮的小貓把鳥籠打開了，雉雞媽媽帶著已經長大的雉雞，憑著他們強勁有力的翅膀，迅速衝出鳥籠，飛回了山林。

機會總是留給不斷學習的人，團隊也是一樣。同時，團隊學習的速度只有大於變化的速度，才能有效應對變化，抓住稍縱即逝的機會。

團隊成員學習要有目標，並要堅信目標一定能夠實現，只有這樣才能夠保持較強的學習動力，最終取得成功。

68 如何保持平衡

遊戲簡介：

全體隊員站在由水泥墩支起的一塊厚木板上並保持平衡。

遊戲主旨：培訓學員的領導力。

遊戲時間：10 分鐘討論，15 分鐘操作。

 **遊戲材料：**

· 2 塊 10 英尺×2 英寸×8 英寸的用膠帶捆在一起的木板；

· 一個水泥墩；

· 膠帶。

活動方法：

培訓師站在木板上給隊員佈置任務。可以給學員們做示範，只要重心有一點點偏移就使木板變成蹺蹺板，從而使木板的一端觸地。10分鐘的討論之後，全隊必須在地面上標有「Ｖ」字的標識區域登上木板，全體學員必須在木板上保持 5 秒鐘的平衡之後才能再從同樣的地方下木板——在此期間木板的任何一端不可以接觸地面。全體學員離開木板後，任務才算完成。木板接觸地面越少，完成的任務質量就越高。

給團隊 2 次機會。第一次可以作為練習，第二次可以在木板的兩端各放一個雞蛋，以激勵團隊達到零失誤。

安全：

該遊戲最好選擇在戶外平坦的草地上進行。一塊 10 英尺長的木板，並能承受住 12～13 個正常成年人的體重。

監控好整個團隊。對上了年紀的、身體不夠協調的隊員，應至少安排 2 個人保護。

提醒學員們，假如他們馬上要失去平衡時，應該果斷地走下木板。學員們的腿相互絆住，若不顧一切地堅持將會使其他學員摔倒。

跳離木板是不可取的，因為這樣做可能會使木板旋轉並且使其他學員摔倒。

有時出現這樣的情況：在團隊的最後一名學員登上木板時，全體學員就鼓掌歡呼並跳離木板——他們忘記了任務的另一部份，即離開

木板時也不可以讓木板的任何一端觸地。假如這樣的事情發生了，那麼這是一個非常好的機會讓團隊討論一個理念：有始有終。

 遊戲討論：

領導力是否有所體現？

隊長做了那些有助於成功完成任務的事情？

團隊是否過早地歡慶了勝利？

團隊是怎樣看待「不壓碎任何一個雞蛋」這個目標的？

對目標的關注程度對完成任務有何影響？

在平時的工作中，「雞蛋」象徵著什麼？

團隊合作的小故事

山雀勝過知更鳥

一天，晨練的山雀發現，家家戶戶門口台階上都放著沒有封口的瓶子，不知裏面裝著什麼。一隻大膽的山雀飛到瓶前，衝著瓶口裏面啄了一下：甜絲絲的，味道好極了！於是他立即召集同伴們來品嘗，還告訴了他的好朋友知更鳥，從此，山雀和那隻知更鳥每天都可以輕鬆喝到美味的飲料。

好日子沒過多久，這天，山雀們照常去附近居民家門口喝飲料，可瓶口被封住了，原來人們為阻止鳥兒們偷喝，用鋁箔將瓶口封了起來。怎麼辦呢？眾山雀禁不住美味的誘惑，但又想不出什麼好辦法。還是那隻大膽的山雀，又飛到一隻瓶子前，用尖尖的嘴巴去啄瓶口的鋁箔，結果鋁箔居然破了，他又喝到了美味的飲料。於是，這隻山雀開始教他的夥伴們啄破鋁箔的

技巧，而且當某隻山雀發明了新的啄法後也會與其他山雀溝通，就這樣，山雀家族每天還能喝到香甜可口的飲料。

然而，知更鳥卻不像山雀家族這樣，瓶口封住之後，怎麼也不知該怎樣喝到飲料，即便偶有知更鳥啄破封口，其他的知更鳥也無從學習，因為他們是獨居動物。

團隊成員在學習中互相幫助，互享心得和經驗，有利於提高團隊整體素質，進而提高團隊效率。

團隊成員在學習中的互相封閉，高效率的方法和技能就無法在團隊內部得到快速傳播，結果只能是降低每個成員的學習效率，延緩團隊目標的實現。

69 擴大市場佔有率

遊戲主旨：

透過一個很簡單的爭搶領地的遊戲方式，反映出對於市場訊息的敏感度，訓練他們如何利用資源的能力。

遊戲人數：10～12 人一組

遊戲時間：20 分鐘

遊戲材料：

乒乓球 300 個、水桶 3 個、3 條長粗竹（3 米）、每組三條短繩（2

米）、一條長繩子(20 米)

 遊戲場地：能將 20 米的繩子懸掛至 3～4 米高的位置。

**遊戲應用**：

(1)瞭解市場訊息的重要性

(2)如何利用現有資源，通過團隊協作取得最佳效果

活動方法：

1.培訓者事先準備 300 個乒乓球，並將其編成 1、2、3 號，分別放在編號為 1、2、3 的三個桶內。

2.將三個水桶分別掛在長約 20 米長的繩子上面，並且要保證它們的高度相同。

3.培訓者發給每組一根 3 米長的粗竹，3 條 2 米長的繩子。

4.各組隊員要將球傳到離桶中心還有 3 米遠距離的一個容器裏面，在規定的時間內，那一組傳的球最多，那一組就是獲勝小組。

遊戲總結：

1.商場如戰場，變化莫測。正確真實地收集資訊，反饋資訊、分析資訊是非常重要的。只有抓住了可靠的資訊，才能保證科學合理地配置資源。所以在遊戲中，培訓者一定要實現講解收集市場訊息的重要性，以及如何對市場做出適當的反應。

2.團隊的角色分類必須要保持明晰，才能將適當的人放在適當的位置上，以保證達到優化資源配置的目的。

3.本遊戲有一定的危險性，所以需要有專門教練從旁指導。學員之間相互傳遞乒乓球的時候，不能拋或者擲。若球落地，就要被培訓

者沒收。

 遊戲討論：

1. 遊戲的過程中，你們小組是先有行動計劃，還是馬上投入行動？

2. 你是否想過去搶別人的球？你們是否會預想到別人會搶你們組的球？應該怎樣去維護自己獲得的成果？

3. 你們的人員是如何分配？時間又是如何分配的？

4. 你們小組的人是否會違反遊戲規則？違反了什麼規則？受到了什麼處罰？

 小 故 事

自己先站起來

曾經聽過這麼一個宗教故事。

從前，有個生麻風病的病人，病了近 40 年，一直躺在路旁，等人把他帶到有神奇力量的水池邊。但是他躺在那兒近 40 年。仍然沒有往水池目標邁進半步。

有一天，天神碰見了他，問道：「先生，你要不要被醫治，解除病魔？」

那麻風病人說：「當然要！可是人心好險惡，他們只顧自己，絕不會幫我。」

天神聽後，再問他說：「你要不要被醫治？」「要，當然要啦！但是等我爬過去時，水都乾涸。」

天神聽了那麻風病人的話後，有點生氣，再問他一次：「你

到底要不要被醫治？」

他說：「要！」

天神回答說：「好，那你現在就站起來自己走到水池邊去，不要老是找一些不能完成的理由為自己辯解。」

聽後，那麻風病人深感羞愧，立即站起身來，走向池水邊去，用手心盛著神水喝了幾口。剎那間，他那糾纏了近 40 年的麻風病竟然好了！

理想每個人都有，成功每個人都要。但如果今天您的理想尚未達到，成功遙不可及，您是否曾經問過自己：我為自己的理想付出了多少努力？我是不是經常找一大堆藉口來為自己的失敗而狡辯？其實，我們不要為失敗找藉口，應該為成功找方法。只要努力去開發，幸運之神將永遠跟著你。

70 人山人海

遊戲主旨：

兩筆支撐就是一個「人」字，人與人互相支持，才稱之為人，所以團體間的互相幫助是非常重要的。這個小遊戲可幫助我們增強彼此之間的互助精神。

遊戲人數：集體參與

遊戲時間：5 分鐘左右

遊戲場地：空地

 遊戲應用：

(1)瞭解團隊協作的重要性

(2)增強團隊成員的歸屬感

 活動方法：

1. 讓兩個學員背靠背地坐在地上，然後兩人雙手相互交叉，合力使雙方一同起立。

2. 依次類推，可以多人一起參加這個遊戲，最後達到全體學員一起遊戲，全體一起起立的效果，故稱之為人山人海。

 遊戲總結：

團隊合作會產生比單個人相加更大的力量，這一點是毋庸置疑的，但是如果團隊中有人與集體的步調不一致，就會產生很多負面的影響——扯大家的後腿。

 遊戲討論：

1. 你能僅靠一個人的力量就完成起立的動作嗎？

2. 如果遊戲學員雙方能夠保持動作的一致性，是不是完成動作就容易得多了？為什麼？

團隊合作的小故事

大象公司頒新規

　　大象公司在動物的企業界享有很高的榮譽，這與大象老闆的管理和公司員工的共同努力是分不開的。但是近期一段時間儘管公司業績上漲，但增長幅度卻在下降。據人力資源部經理狐狸小姐的報告：員工的工作積極性大不如從前，出現了員工上班睡覺甚至背後辱罵大象老闆的情況。

　　經過與員工談話，大象老闆找到了問題所在。原來，公司制定的任務額，被員工稱作「不可完成的任務」，員工為完成任務天天加班，以至於他們最想做的事就是睡覺。

　　於是大象老闆發佈以下規定。

　　①員工的任務額下降 10 個百分點。

　　②員工如果晚上加班必須經過大象老闆的批准。

　　③員工每週開一個「老闆指責會」，大象老闆不出席會議，大家可以在會上口頭向老闆提意見，也可以不記名、書面的形式羅列大象老闆需改進的地方，但是禁止在其他時間公開或私下謾罵老闆。

　　在新規定實施後，員工的「疲態」沒有了，它們甚至完成了原來「不可能完成的任務」。

　　管理者應與團隊成員保持順暢的溝通，及時瞭解團隊成員所面臨的壓力，努力尋找壓力的來源並消除對產生壓力有消極影響的因素。

　　面對團隊成員的抱怨，管理者需要的是傾聽而不是批評，同時建立有效的壓力管理機制來疏導團隊成員的工作壓力。

71 一個好漢三個幫

遊戲主旨：

有句老話：一個好漢三個幫。任何人都有需要靠別人的時候，當別人處於困境下，積極地給予他幫助，可以幫助大家充分體會團隊合作互相幫助的重要性。

遊戲人數：集體參與，單獨完成

遊戲時間：10 分鐘

遊戲材料：一些桌子、椅子等障礙物

遊戲場地：一間大屋子

遊戲應用：

(1)加強學員對於團隊精神的理解

(2)幫助他們提高對於互相幫助的真正含義的理解

(3)增強團隊的凝聚力和辦事能力

活動方法：

1. 選擇一間大的屋子，屋子兩邊有兩個相對的門，但是屋子裏面零亂地佈滿了很多桌子、椅子等。

2. 將一個學員的眼睛矇上，然後讓他從屋子的這個門走向另一個門，一般情況下，學員會到處碰壁，步履維艱。

3. 然後再讓大家都做這個遊戲，這一次告訴大家他們可以提問，但僅僅可以提一個要求，他們要通過這個要求幫助他們走過這片迷陣。

4. 一定要注意安全，尤其是在學員第一次走迷陣的時候，培訓者應當時刻關注，一旦發現要發生危險，應該及時出聲阻止。

 遊戲總結：

1. 當一個人經歷了黑暗的摸索以後，這時候他對別人給予他的幫助將是刻骨銘心、永記在心的。

2. 「人」字本身就是一個相互支持的架構，因為人不僅僅是個自然人，還應該是一個社會人，而只有在人群當中，大家互相幫助才能真正體現社會人的含義，每個人都有孤立無援的時候。體會到你需要什麼，就會知道別人需要什麼，也就知道了你需要付出什麼。

3. 第一反應不是想到尋求幫助的學員可能是獨立性比較強，能力也比較強的學員，他們在工作中一般可以充當領導和主要角色，但也應該引導他們加強對於團隊精神的理解。

 遊戲討論：

1. 如果單靠你自己的力量，你覺得你能走出這片迷陣嗎？

2. 當你發現你不能獨立完成任務的時候，你最先想到的解決方法是什麼？你提的一個要求是什麼？

3. 大多數人第一反應總是會想要尋求幫助，會不會有些人的要求不是尋求他人的幫助，他們是否能靠自己的力量走出去？有沒有什麼背後的道理？

 小 故 事

不只是表面合作

　　有三隻老鼠結伴去偷油喝，可是油缸非常深，油在缸底，它們只能聞到油的香味，根本喝不到油，它們很焦急，最後終於想出了一個很棒的辦法，就是一隻咬著另一隻的尾巴，吊下缸底去喝油。他們取得一致的共識：大家輪流喝油，有福同享誰也不能獨自享用。

　　第一隻老鼠最先吊下去喝油，它在缸底想：「油只有這麼一點點，大家輪流喝多不過癮，今天算我運氣好，不如自己喝個痛快。」

　　加在中間的第二個老鼠也在想：「下面的油沒多少，萬一讓第一隻老鼠把油喝光了，我豈不是要喝西北風嗎？我幹嗎這麼辛苦的吊在中間讓第一隻老鼠獨自享受呢？我看還是把它放了，乾脆自己跳下去喝個痛快！」

　　第三隻老鼠則在上面想：「油是那麼少，等它們兩個吃飽喝足，那裏還有我的份，倒不如趁這個時候把它們放了，自己跳到缸底喝個飽。」

　　於是第二隻老鼠狠心地放了第一隻老鼠的尾巴，第三隻老鼠也迅速放了第二隻老鼠的尾巴。它們爭先恐後地跳到缸底，渾身濕透，一副狼狽不堪的樣子，加上腳滑缸深，它們再也逃不出油缸。

　　三隻老鼠表面上是在一起合作了，可它們彼此各懷心腹事，這樣的合作寧願沒有。單打獨鬥只考慮自己的利益很難成功，真正的強者講究的是雙贏。

72 人椅

遊戲主旨：

所謂的團隊就是要求團隊中的每一個人都要充分貢獻自己的力量。本遊戲可以充分體現這一點。

遊戲人數：集體參與

遊戲時間：30 分鐘

遊戲場地：空地

遊戲應用：

(1)幫助學員充分理解個人利益和集體利益雙統一的含義

(2)提高他們的團隊合作意識

活動方法：

1. 所有的學員都圍成一圈，每位學員都將他的手放在前面的學員的肩上。

2. 聽從訓練者的指揮，然後每位學員都輕輕坐在他後面學員的大腿上。

3. 坐下之後，培訓者可以再喊出相應的口號，例如齊心協力、勇往直前。

4. 可以以小組比賽的形式進行，看看那個小組可以堅持更長的時間，獲勝的小組可以要求失敗的小組表演節目。

遊戲總結：

1. 阻礙這個遊戲成功的一大原因就是產生懈怠心理，認為有這麼多的人一塊做遊戲，自己稍微少使點兒勁不會產生什麼影響。殊不知，如果大家都這樣想的話，「人椅」是絕對建不成的，相反大家可能會一起摔在地上。

2. 同樣在集體工作中也是一樣，作為團隊的一分子，每個人都應該貢獻自己的最大力量去幫助團隊工作，也只有這樣才能達到個人利益和集體利益的統一，使大家都獲利。

遊戲討論：

1. 在這個遊戲中，你的精神狀態是否一直如一，還是會發生一些變化？

2. 如果產生懈怠心理的話，會對遊戲的進行產生什麼樣的影響？

團隊合作的小故事

團隊溝通力量大

森林裏有兩個王國，分別被兇悍的老虎和勇猛的獅子統治著。兩國因為領土爭議造成糾紛，戰爭一觸即發。老虎和獅子為了培養戰鬥力量，訓練了大批驍勇善戰的動物補充到自己的隊伍中。

　　老虎認為，士兵就應該完全聽從自己的領導，這樣可以維護自己的權威，讓隊伍服從指揮，提高隊伍的戰鬥能力。所以，老虎禁止隊伍成員發表不同意見，士兵之間不能溝通交流，否則處死。做重要決策時它也從不徵詢下屬的意見，只是按照自己的想法拍板。

　　獅子則不然，它認為每個成員都應該有自己的主意，在隊伍中要能聽到不同意見，這樣才有利於激勵隊伍，並找到最好的執行方案，從而能提高隊伍的戰鬥能力。所以獅子鼓勵隊伍中的成員暢所欲言，發表不同意見，在決策時也與下屬共同討論，達成一致。

　　戰爭爆發了，老虎還是自己決策、指揮，結果瞻前不能顧後，士兵之間也因為不能有效溝通而亂成一團，隊伍節節敗退。

　　而獅子這邊則不一樣，它採取大家討論的辦法：將隊伍分成三組，分別指派了指揮官，自己坐鎮指揮，各組從不同方向出擊，遙相呼應。由於有有效的溝通，它們的力量顯得更加強大，所以攻勢迅猛，一路高歌猛進。

　　最終，在敗退過程中，老虎被殺死，它的隊伍潰不成軍。

　　團隊缺乏默契，就不能提高績效，而團隊沒有溝通，則不能進行分工合作。管理者要善於為團隊成員提供溝通機會，創造溝通途徑，鼓勵團隊成員進行充分溝通。

　　管理者只有激發團隊成員發表意見並參與討論，才能讓決策得到大多數人的認同，才能激發所有成員的力量，讓他們心甘情願地傾力合作。

73 空方陣

遊戲主旨：

本遊戲的目的在於增強小組之間個人與個人的配合、小組之間的溝通及配合，從而找出經常出現的問題以及探索解決這些問題的方法，體會小組工作時領導的作用。

遊戲人數：5 人為一小組，10 人為一個大組

遊戲時間：60 分鐘

遊戲材料：2 套空方陣塑膠板

遊戲場地：教室及其他會議室或走廊

遊戲應用：

(1)團隊建設

(2)領導力及溝通能力培養

活動方法：

1. 10 人的大組中分為 2 個小組，一組命名為「計劃團隊」，另一組命名為「執行團隊」，還有 4 位組員為「觀察團隊」。

2. 培訓師有 3 份不同的指令分別交給「計劃團隊」、「執行團隊」

和「觀察團隊」。

3. 整個任務將在 25 分鐘內完成。

4. 現在開始分別給「計劃團隊」、「執行團隊」和「觀察團隊」指令。

附學員稿：

「計劃團隊」任務指令及程序

1. 培訓師現在發給「計劃團隊」的其中 4 位隊員每人一個裝有魔板的信封，並告訴「計劃團隊」這 4 個信封中的魔板拼在一塊會是一個空方陣。

2. 培訓師告訴「計劃團隊」，從現在開始，你們有 25 分鐘的時間做出如何指揮「執行團隊」拼出空方陣的計劃，並且讓「執行團隊」執行該計劃。

3. 「計劃團隊」只有在「執行團隊」動手工作前才可以給「執行團隊」口頭指導，但只要「執行團隊」開始動手工作，「計劃團隊」將不允許再做任何指導。

「計劃團隊」工作時的規則

1. 你信封中的魔板只可以擺在你自己的面前，也就是說不能動別人的魔板，也不能把所有的魔板都混合起來。

2. 在計劃和指導階段，你都不能拿其他隊員手中的魔板或相互交換魔板。

3. 在任何時間都不能直接說出或展示圖形答案。

4. 在任何時間都不能自己去把空方陣組合起來，這要留給「執行團隊」去做。

5. 不能在魔板或信封上做任何記號。

6. 「執行團隊」必須監督你們遵守上述規則。

7. 當執行團隊開始拼裝魔板時，計劃團隊不能再進行任何指導，但要留下來觀察執行團隊如何裝配。

執行團隊任務指令及程序

1. 培訓師告訴「執行團隊」：你們的任務是按照「計劃團隊」下達的指令來執行任務。「計劃團隊」可以隨時叫你們過去接受任務及計劃指導，如果他們不叫你們過去，你們也可以主動去向他們彙報工作。你們的任務必須在 25 分鐘內完成，現在已經開始計時了。但你們開始動手執行任務時，「計劃團隊」是不允許給予任何指導的。

2. 你們要盡可能迅速地完成所分配的任務。

3. 在你們等待計劃團隊下達指令時，可以先討論一下問題：

——等待接受一項未知的任務時，你心中有什麼感受和想法呢？

——你們會怎樣組織自己以一個團隊的形式去執行任務？

——你們對「計劃團隊」有何看法？

4. 把以上問題的討論結果記錄下來，以便完成任務之後參加小組討論。

「觀察團隊」任務指令及程序

培訓師告訴「觀察團隊」的 4 位觀察員，他們將分別對 4 個不同的小組進行觀察並做出記錄：

1. 你將觀察一項團隊練習，在這項練習中有 2 個團隊參加活動，一個「計劃團隊」和一個「執行團隊」，他們將共同努力拼 16 塊魔板，如果拼排正確，將會排出一個空方陣。

2. 「計劃團隊」必須決定如何將這些魔板拼在一起，然後指導「執行團隊」按計劃將魔板拼在一起。

3. 「計劃團隊」只能提供一些建議和大致的拼排輪廓，但不能親自動手做，只用言語指導，讓「執行團隊」來完成整項任務。當「執

行團隊」開始動手執行任務時，「計劃團隊」將不能再作任何指導。

4.作為觀察員，你們需要觀察整個活動過程並寫觀察報告。以下列出了 8 個問題，在你們的觀察中要留心考慮這些問題：

——你們對自己的需求、「執行團隊」的需求以及環境因素瞭解的準確程度如何？

——他們是否能大概地把握問題的關鍵？

——計劃團隊是怎樣定義這個問題的？

——你是如何為該問題定性的，即：「這個練習中的基本問題是……」

——計劃者有沒有努力嘗試轉化這個問題？

——是否制定可操作的目標？

——他們的計劃及組織效果如何？

——他們是否評估了現有的資源？

——他們是否受到「假設限制」的制約？

——他們是否預料到一些可能會出現的問題？

——他們用什麼方法來衡量整個任務的執行過程？

——他們的工作效果如何？

——在這次聯繫中，他們是否很成功？

觀察員觀察「執行團隊」在不同階段時的情緒變化及行為表現，並對其評價。

遊戲討論：

這個遊戲很有現實意義，我們在工作中常需要以這種方式解決問題。但這不說明我們就不需要再改進了。因為問題在變，人們的想法也在變，通過不斷的練習這個遊戲會對學員有很大幫助。

分工是人類社會的一大進步，可以提高效率和質量，可以讓學員

分別從自己擔任的角色的角度談談他們對分工的看法。

選出勝出的小組，讓他們說一下為什麼能夠完成得比另外一組快？

由觀察員談談 2 個大組在過程中的表現如何？

這個遊戲中最大的啟發是什麼？通過什麼方法來解決遊戲中的問題？

附圖形答案：

空方陣

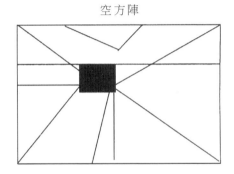

小　故　事

心中的玻璃

一位業務員在體檢後，被醫生宣判得了癌症，只有三個月的壽命了。驚慌之餘，冷靜地思考如何安排剩下的時日，他終於下定決心，打算不動聲色，平靜地過完最後的人生旅程，而留下一個好名聲。於是在公司忠於職守，不再像往日般與同事、客戶爭辯，反而自認來日不多，一再忍讓，保持和諧，在家中，不再打罵小孩及太太，反而常常抽空與家人外出遊玩。

三個月很快過去了，原本人人討厭的他變成公司領導重

視、同事愛戴、客戶歡迎的模範員工，不但晉了級，又加了薪，一家人更和樂融融，幸福美滿。

正當面對人生的最後一站時，他接到醫院的通知，原來檢查報告弄錯了，他的身體健康，一切正常。

他還是他，一切都沒有改變，只是因為本身態度的轉變，整個人生為之改觀。所以，當你由玻璃看窗外時，若玻璃是綠色，外面的世界就是綠色的，若玻璃是紅色，你看到的就是紅色世界，這塊玻璃就在你的心中。

這個世界的好壞是由你自己決定的。你心中的玻璃是什麼顏色？那一種對你最有利？

74 危險的向後翻

 遊戲主旨：

戒備心理和對於他人的不信任，導致我們失去了很多合作的機會，也使我們日常工作受到了阻礙。本遊戲就充分說明了這一點。

🇬🇧 遊戲人數：7 人一組

$ 遊戲時間：30 分鐘

✈ 遊戲場地：有棉墊的空地或體育場中

遊戲應用：

(1)集體合作精神的測試與培養

(2)團隊成員間相互信任，相互溝通意識的培養

 活動方法：

1. 將學員分成每 7 個人一組，然後選出一名學員做志願者，其他 6 名學員做「接收者」。

2. 讓志願者站在齊腰高的水泥台上，其餘 6 個人則在台下兩兩相對，抬起雙手，準備接住志願者。

3. 志願者以立正的姿勢身體保持筆直後仰倒下，下面的成員正好托住。為了增加上面志願者的勇氣，底下的「接受者」們可以與志願者進行一定的交流，以幫助他克服恐懼心理。

4. 注意要有一定的防護措施，例如地上一定要鋪棉墊。

遊戲總結：

1. 如果志願者能夠完全相信他的同伴，從容地從空中落下，那麼下面的 6 個人受力均勻，安全平穩地接住他是完全沒有問題的；但是如果志願者不充分信任他的夥伴，落下時會下意識地將全身蜷成一團，托人的夥伴會因受力不均勻，就容易接不住，甚至會發生危險，所以越怕什麼反而會越來什麼。

2. 一個團隊的成功取決於很多因素，但是核心的問題是，團隊的每個成員都一定要相互信任，給予對方以無上的信任，這樣大家才能沒有罅隙地合作。

3. 主管們可以適當地組織一些這樣的活動，從中可以看出員工的一些素質和各個小組的團結合作精神，但是在組織的時候一定要在專門的場地進行，注意安全。

遊戲討論：

1. 這個遊戲簡單嗎？是什麼讓這個遊戲充滿了困難？

2. 如果你是志願者，當你不信任你的夥伴們，你會有什麼樣的表現？如果相信呢？那一個可以讓你有更好的表現？

3. 推演到現實中，你覺得這個遊戲對於你的日常工作有什麼幫助？

團隊合作的小故事

猴子不再相信它

河的中央有一個小洲，洲上長著一株桃樹，樹上結滿了桃子。狐狸想吃桃子，可是過不了河。

猴子想吃桃子，也過不了河。

狐狸便和猴子商量，一同設法架橋過去，摘下桃子，各分一半。

狐狸和猴子一同花了很大力氣，去扛了一根木頭來，從河邊架到河中的小洲上，成了一座獨木橋。

這座橋太窄了，兩個人不能同時走，只能一個一個地過去。狐狸對猴子說：「讓我先過去，你再過去吧！」

狐狸走過去了。狡猾的狐狸想獨自一人吃桃子，便故意把木頭推到河中去了。接著，狐狸哈哈笑起來，說：「猴子，請你回去吧，你沒有口福吃桃子！」

猴子非常生氣，可是它也馬上笑起來說：「哈哈！你能夠吃到桃子，可是你永遠回不來啦！」

狐狸聽了非常著急，沒有辦法，只好哀求猴子：「猴子，我

們是好朋友，如果你能幫助我回去，這裏的桃子全歸你。」

　　猴子頭也不回，逕自走開了。

　　團隊成員要認識到，他人的信任能給自己帶來長期利益。為了短期的利益而讓別人失去對自己的信任，最終將損害自己的長期利益。

　　誠信是信任的基石。團隊成員只有對他人講究誠信，才能獲得他人的信任。

75 6 人踩輪胎

遊戲主旨：

　　團隊的合作精神，有時候並不是產生於高談闊論之上，而是一些很不起眼的小遊戲當中。

遊戲人數：6 人為一組

遊戲時間：10 分鐘

遊戲材料：汽車輪胎一個

遊戲場地：空地

遊戲應用：

(1)培養團隊合作精神

(2)培養協作解決問題的能力

(3)培養團隊成員之間的相互信任

 活動方法：

1. 培訓者將一個汽車輪胎放在空地上。

2. 要求所有的小組成員都要站上去，並且至少保持 5 秒鐘以上。

3. 一定要注意安全問題。

 遊戲總結：

1. 遊戲的一開始，大家就應該確定一個比較可行的實施方案，並且確定出一個指揮人員，以免在後面發生爭議無法解決。

2. 比較可行的做法之一：先選出一個人作為重心，其餘的人踩上去的時候，要注意保持輪胎的平衡。

3. 本遊戲可以幫助大家培養溝通與合作的精神，增進大家的團隊意識。

 遊戲討論：

1. 怎樣才能讓輪胎保持四平八穩的狀態？事先確定出一個比較好的方案是否更有助於任務的完成？

2. 在遊戲的過程中，會不會有衝突和爭議產生？大家是如何解決這一問題的？

小 故 事

鵝卵石的故事

在一次時間管理的課上，教授在桌子上放了一個裝水的罐子，然後又從桌子下面拿出一些正好可以從罐口放進罐子裏的「鵝卵石」。當教授把石塊放完後問他的學生道：「你們說這罐子是不是滿了？」

「是！」所有的學生異口同聲地回答說。

「真的嗎？」教授笑著問。然後又從桌底下拿出一袋碎石子，把碎石子從罐口倒下去，搖一搖，再加一些，再問學生：「你們說，這罐子現在是不是滿的？」

這回他的學生不敢回答得太快。最後班上有位學生怯生生地細聲回答道：「也許沒滿。」

「很好！」教授說完後，又從桌下拿出一袋沙子，慢慢地倒進罐子裏。倒完後，於是再問班上的學生：「現在你們再告訴我，這個罐子是滿的呢？還是沒滿？」

「沒有滿！」全班同學這下學乖了，大家很有信心地回答說。

「好極了！」教授再一次稱讚這些孺子可教的學生們。稱讚完了，教授從桌底下拿出一大瓶水，把水倒在看起來已經被鵝卵石、小碎石、沙子填滿了的罐子。當這些事都做完之後，教授正色問班上的同學「我們從上面這些事情得到什麼重要的啟示？」

班上一陣沉默，然後一位自以為聰明的學生回答說：「無論我們的工作多忙，行程排得多麼滿，如果再逼一下的話，還是

可以多做些事的。」這位學生回答完後心中很得意地想「這門課到底講的是時間管理啊！」

教授聽到這樣的回答後，點了點頭，微笑道：「答案不錯，但並不是我要告訴你們的重要資訊。」說到這裏，教授故意頓住，眼睛向全班同學掃了一遍說：「我想告訴各位最重要的資訊是，如果你不先將大的鵝卵石放進罐子裏去，你也許以後永遠沒機會把它們再放進去了。」

其實對於我們工作中林林總總的事件，可以按重要性和緊急性的不同組合，確定處理的先後順序，做到鵝卵石、碎石子、沙子、水都能放到罐子裏去。而對於我們人生旅途中出現的事件，也應該如此處理。也就是平常所說的處在那一年齡段要完成那一年齡段應完成的事，否則，時過境遷，失去機會就很難補救了。

76 找到寶藏

💶 **遊戲主旨：**

本遊戲可以用於加強彼此之間的瞭解和信任，增強大家之間的團隊友誼精神。

💷 **遊戲人數**：集體參與

💲 **遊戲時間**：10 分鐘

遊戲場地：草地

 遊戲應用：

(1)增強團隊成員之間的相互信任

(2)加強成員間感情的溝通

 活動方法：

1. 培訓者首先給大家講述下面一個故事：

你們組屬於古城探險隊的一部份，據說古城位於一個與世隔絕的森林裏。調查研究後找到一個嚮導，由於存在語言障礙，通過翻譯費心的解釋，他才同意帶路。由於古城到處散落有金幣、寶石，並且宣稱如果寶物被盜，全城人民將面臨災難，因此，條件是大家必須答應都戴上眼罩，保證以後不會再找這條路，一路上不能作語言交流，但是可以通過其他聲音，即肢體語言來傳遞資訊給後面的隊友，以確保團隊能安全到達目的地。

2. 隊員手拉手圍成圈，戴上眼罩。

3. 悄悄讓一個隊員摘下眼罩，告訴他將充當嚮導，負責帶領整個團隊（告知終點）。

4. 讓兩位成員充當沿途的保護者，可備一些食品在遊戲結束後讓隊員（包括保護者）邊吃邊談各自的體驗與感受。

5. 可以選在景色美麗的樹林或公園裏進行，可以使人接近自然。

 遊戲總結：

1. 信任是集體交往的一個重要前提，只有你充分信任你的夥伴，你才能將事情託付給他，你才能相信他說的話，他做的事，而只有相互信任，大家才能毫無隔閡、親密無間地合作，共同將工作做好。

2. 在一個風景優美的地方進行這個遊戲，可以幫助大家重新把心放回到大自然當中，陶冶情操，恢復青春與活力。

遊戲討論：

1. 當你被矇上眼睛的時候你有一種什麼樣的感覺？你是否能完全信任你的嚮導？

2. 如果現實生活中，你遇到需要將自己的安全寄託在別人身上的事情，你會選擇怎樣做？在什麼前提下你才會這樣做？

團隊合作的小故事

群龜如何出瓦罐

在一條小河裏，一群烏龜在水裏自由自在地游著，它們快樂地捕捉著小魚。正當它們無憂無慮地嬉戲時，災難突然降臨，一隻巨大的漁網將它們全都裝了進去。群龜本能地縮起它們的腦袋和手腳，不敢睜眼向外張望，只好聽天由命。

四週是那樣的安靜，沒有一點聲響，年齡最大的烏龜開始小心翼翼地伸出它的腦袋，想觀察一下週圍的情況。等它睜開眼睛的時候，發現它們全部被關到一個瓦罐當中。

這個瓦罐不是很大，也不是很高。老烏龜經過判斷，發現週圍的確沒有任何危險之後，才用手推了推其他的小龜們。這時小龜們也陸續睜開了眼睛，發現所有的同伴都成了「甕中之鱉」，於是全都不顧一切將各自的身體豎立起來，手和腳不停地趴著瓦罐的壁，試圖爬上去。可是瓦罐又光又滑，它們所有的努力都無濟於事，最後全都累得雙腳支撐不住自己的身體，摔

倒在罐底起不來，有的還仰面朝天，樣子看起來十分狼狽。

　　只有那隻老烏龜沒有任何舉動，因為根據多年的閱歷，它心裏十分清楚，這樣做全都是徒勞的，要想脫險，沒有一個好辦法是不行的。冥思苦想之後，它終於想出了一個好主意。

　　小龜們的精力慢慢恢復過來，又開始紛紛躍躍欲試，準備繼續向上爬。此時老烏龜大喊一聲：「如果你們想從這個鬼地方出去的話，就不要再蠻幹，全部聽我指揮。」

　　這句話還真管用，大夥全都一動不動，想聽聽老烏龜有什麼好辦法。老烏龜清一下嗓子，繼續說道：「憑我多年的經驗看，關住我們的是一個瓦罐，如果單靠我們每個烏龜的力量，是絕對出不去的，我們只有團結起來，才有可能出去。你們看過人類蓋房子嗎？我們不妨也學一學，一個爬上另一個的背上，直到離罐口不遠時，這樣我們的高度才能達到爬出去的條件。」

　　大夥一聽，覺得有道理，可是，每隻烏龜都想最先出去，沒有一個願意趴在最底下，所以，大家全都遲遲沒有行動。

　　老烏龜把身體向下一蹲，對大夥說：「來吧，踩著我上去！」

　　老烏龜這一帶頭，大夥紛紛地擁了上來，按照剛才制訂的計劃，有條不紊地進行著，最後陸續有小烏龜爬了出去，只剩下了老烏龜和另外兩隻小烏龜，無論如何也爬不出去。

　　無論是已經爬出瓦罐的烏龜還是仍然留在罐中的烏龜都很焦急，不知道下一步該怎麼辦。這時老烏龜對外面的烏龜喊道：「把這個鬼東西推倒！」爬出罐外的小龜們立刻行動起來，不一會兒就推倒了這個瓦罐。

　　結果所有的烏龜都脫險了。

　　當團隊面臨危機的時候，管理者果斷的決策力及團隊成員

　　的迅速執行與大力配合，是戰勝危機的必要條件。

　　　　團隊危機處理是技術和藝術的結合，如果處理得當，危機就變成了契機，管理者能夠通過危機增強團隊成員的責任感和凝聚力。

77 水手接力賽

遊戲主旨：

　　小遊戲蘊含著大道理，雖然只是一個看似很容易的遊戲，但需要兩個人的無間配合，否則也完不成指定的動作。

遊戲人數：偶數人一組，每次兩人

遊戲時間：10 分鐘

遊戲材料：紙箱，繩子，書夾

遊戲場地：空地

遊戲應用：

　　(1)團體合作精神的培養

　　(2)學員團隊配合程度的訓練

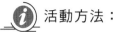 **活動方法：**

1. 全員分成數隊，每兩人組成一組。坐在紙箱內的人想跳起時，另一人趁機拉動紙箱來進行接力賽。

2. 依照號令，一人坐在紙箱裏，另一人拿著用書夾固定在紙箱裏的繩子（長 3 米）一端。

3. 拿著繩子的人，要趁著紙箱裏的人跳高時往前拉，如此繼續前進。

4. 繞回目標後，換人進行接力賽。

 遊戲總結：

1. 兩個人剛剛開始合作的時候，肯定有不盡人意的地方，此時絕對不能互相抱怨，而是要大家不斷地磨合，調整自己來適應彼此的需求，經過幾次磨合以後就肯定能合作得比較好了，也就能夠快捷地完成任務了。

2. 本遊戲要想成功，除了需要兩個玩遊戲的人之間親密無間的配合之外，還需要其他人時刻準備著，等待那兩個人回來，然後接手下一輪任務。就像在一個集體當中，肯定有一部份人打前鋒，還有一部份人作後盾，前鋒固然重要，後盾的力量也不容小覷。

遊戲討論：

1. 這個遊戲成功的關鍵是什麼？兩個人之間應該怎樣配合，才能快捷高效的完成任務？

2. 要想完成任務，除了需要兩個人之間的完美配合以外，還需要什麼？

小 故 事

看不到目標比死還可怕

有一位軍閥每次處決死刑犯時，都會讓犯人選擇：一槍斃命或是選擇從左牆的一個黑洞進去，命運未知。

所有犯人都寧可選擇一槍斃命也不願進入那個不知裏面有什麼東西的黑洞。

一天，酒酣耳熱之後，軍閥顯得很開心。

旁人很大膽地問他：「大帥，您可不可以告訴我們，從這黑洞走進去究竟會有什麼結果？」

「沒什麼啦！其實走進黑洞的人只要經過一兩天的摸索便可以順利地逃生了，人們只是不敢面對不可知的未來罷了。」軍閥回答道。

目標能給人希望和力量，人生如果沒有目標就等於一具行屍走肉。

心得欄 -

- -

- -

- -

- -

78 拿取杯子

遊戲主旨：

通過將團隊置於一種危險的境地當中，可以加強團隊合作精神，激發團隊的創新精神，提高大家解決問題的能力，有助於團隊建設。

遊戲人數：2 人一組，每次三組

遊戲時間：5 分鐘

遊戲材料：尼龍繩圈，水杯

遊戲場地：空地

遊戲應用：

(1)幫助學員理解團隊裏相互間溝通與合作的重要性

(2)激發學員的潛力和創造精神

活動方法：

1. 本遊戲每次參與者六名，分成三組，每組兩人，其中一人用布將眼睛矇上。

2. 參與者必須站在尼龍繩圈以外，不可越過界線。

3. 沒有矇上眼睛的參與者不可以動手參與遊戲，只可為矇上眼

睛的同伴作提示。

4. 矇眼者才可拿工具取水杯。

5. 必須在規定的時間內，例如 5 分鐘將水杯完整移出尼龍繩圈以外才可記分，如水溢出水杯則不計分。

遊戲總結：

1. 很小的遊戲卻可以反映出一個很大的道理，兩個都有障礙的同伴卻要相互合作完成一件獨立不可完成的任務，這實際上就是我們日常生活中的正常寫照，只不過有時候現實生活中的關係要相對隱晦一些而已，但是道理都是相同的，相互間的諒解、溝通與合作，實際上是完成任務的重要前提。

2. 利用虛擬的危險場景設計，可以有效地提升參與者的注意力，讓他們更快的開動腦筋，發揮出自己的真正潛力。

遊戲討論：

1. 你們小組的兩個人是如何合作的？有沒有摩擦？應該如何消除？

2. 對於團隊中的交流與合作來說，什麼是最重要的？

團隊合作的小故事

求情只因怕後患

一天，百鳥之王鳳凰出遠門，將森林交給副手老鷹掌管。

老鷹接管政務沒幾天，幹了許多壞事。它啄掉灰鴿一雙慧眼，拔掉小孔雀身上的羽毛，吞吃了許多斑鳩蛋，不許黃鶯在樹上唱歌……

不久，鳳凰回來了，發現老鷹殘害生靈，於是將它關進囚籠，準備實行公審。

「啟奏大王！」老孔雀第一個求情，「老鷹是初犯，懇求大王寬恕它吧！」

「啟奏大王！」雙目失明的灰鴿說，「懇求大王慈悲為懷免老鷹的罪。」

斑鳩、黃鶯、杜鵑、畫眉、百靈鳥接踵而至，都是替老鷹說情的。可鳳凰鐵面無私，堅決按法辦事，將老鷹斬首示眾。消息傳開，百鳥無不拍手稱快。

鳳凰驚詫地問：「那為什麼你們前幾天都替老鷹求情呢？」

百鳥答道：「大王，我們怕你徇私情，把它放了，如果我們不替它說情，只怕後患無窮！」

管理者應及時清除團隊中影響團隊和諧、損害團隊利益的成員，這樣不僅能創造團隊內部的和諧氣氛，更有利於提高團隊的整體效率。

管理者只有公平公正地對待每個團隊成員，才能得到團隊成員的支持與尊敬，才能贏得團隊成員的擁護與愛戴。

79 翻帆布

遊戲主旨：

這個小遊戲將通過一個詼諧幽默的遊戲方法來使參與者明白團隊合作的重要性，同時增進大家彼此之間的感情。

遊戲時間： 10 分鐘

遊戲人數： 全體參與

遊戲材料： 依人數多少給予大、中、小的塑膠帆布

遊戲場地： 不限

遊戲應用：

(1)加強學員的團隊互助精神

(2)增進學員之間的溝通與交流

活動方法：

參加遊戲的人都必須站在塑膠帆布上，然後需要將塑膠帆布翻過來。

規則：

(1)所有人都必須站在帆布上（包含討論）。

(2)只要有人的身體任何部份碰觸到地面就要重來。

 遊戲總結：

1. 帆布就像一葉扁舟，大家在風雨中搖擺，榮辱與共，共同完成任務，增進了彼此之間的團結互助精神。

2. 在日常的工作中，我們也應該發揮這種互相合作的精神，以集體的榮辱為自己的榮辱，盡量減少各種私心，為了一個共同的目標而努力。

3. 帆布面越小越難，可計算難度係數。

 遊戲討論：

1. 我們怎麼辦到的？在過程中聽到什麼？有何感受？

2. 各位覺得帆布像什麼？而整個過程又是什麼？

3. 在生活中有無類似感受？

4. 從過程中你學到什麼？

 小 故 事

創新中求發展

自從兔子賽跑輸給烏龜後，心裏總是不甘心，總想把自己的面子找回。有一天，終於碰到烏龜，一定要和烏龜再賽一次，烏龜答應了，於是它們找來小猴當裁判，大家準備好，只聽一聲槍響，兔子「嗖」的竄了出去，而烏龜在後面慢慢地爬，兔子邊跑邊想，上一次是我睡覺，讓你撿了便宜，這一次我不睡覺看你還能不能跑過我。最終這一次烏龜又取得勝利，因為兔

子心太急，沒有辨清目標就跑，跑得越快反而離目標越遠。

兔子還是不服氣，說這樣不公平，要再比賽一次，烏龜沒辦法只好再來，只聽裁判一聲槍響，這次兔子比上次跑得還快。在兔子將要跑到終點的時候，它高興地停下來，轉身看烏龜跑到那裏了，心想這次我知道目標又沒偷懶，一定是我贏了！當它轉過頭再看前面時，烏龜已經到達終點了，兔子迷惑不解，跑上前去問烏龜，原來烏龜是咬住了兔子的尾巴，在兔子轉身看烏龜時，把烏龜甩到終點去了。烏龜借助兔子的力量又取勝了。

兔子更加不服氣，一定要再比賽一次，這一次兔子格外小心，它吸取前幾次的教訓，小心謹慎地向前跑，還不斷地摸自己的尾巴，唯恐又被烏龜借力。當兔子快要跑到終點的時候。遠遠看到前面好像是烏龜，它跑到終點，果然是烏龜，而且好像已經等了好久了。這一次兔子徹底認輸了，兔子對烏龜說：「烏龜大哥，我認輸了。不過你要告訴我，這一次你是怎麼又跑到我前面的？」

烏龜笑著對兔子說：「兔子老弟，現在是什麼年代了，誰還跑著到終點，我是打車過來的。」

有目標，知道自己的方向，善於借力，光憑自己很難成功，傳統模式已不適應現在的發展，一定要不斷創新。

80 踢足球比賽

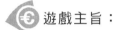 遊戲主旨：

這個遊戲用於說明在指導下屬或交代工作任務時所需要的技巧。

遊戲時間：15 分鐘

遊戲人數：6 人一組

遊戲材料：每組一個球門及一個足球

遊戲場地：空地或操場

遊戲應用：

(1)團隊工作改進

(2)員工激勵

活動方法：

1. 將學員分成 6 人一組。

2. 培訓者把球門及足球發給小組，球門與射球的地方相隔 8 米，而後給小組 10 分鐘的練習時間，再進行比賽。每組要踢 10 個球，每人至少要有一次踢球機會。進球最多的小組為勝組。

✈ 遊戲總結：

1. 這個遊戲中，不可能每個參與者都非常擅長射門，在這種情況下，隊員們怎麼處理呢？一般情況下，一個小組如果想獲勝，必須幫助遊戲能力差的學員儘快補上這一課，其中最有效的方法就是讓比較拿手的學員抓緊時間在一旁教授這個比較差的人。另外，小組安排上也是一門學問，應將水準高且發揮平穩的學員安排在後面。

2. 如果你們組並不如另一組表現出色，你們會用什麼方法來取得勝利呢？應該不會就此認輸吧。其實可以認真觀察另一組的情況，包括人員安排，射門技巧等等。認真觀察後總會有所收穫，然後馬上運用到本組的射門中來，這就是從競爭中學習的精髓。

♻ 遊戲討論：

1. 你們小組是否具有這方面的技巧，如果有成員在這方面比其他成員更有優勢，那麼這些成員怎樣教其他人也具備這方面的技巧？

2. 不懂執行這一任務的組員們，你們當時怎樣想，自己用什麼方法來完成任務，是否有學習的慾望，向其他組員學習有沒有障礙，這些障礙是什麼？

心得欄 ------------------------------

團隊合作的小故事

妄加猜測不表達

烏鴉兄弟倆同住在一個巢裏。有一天，巢破了一個洞。

大烏鴉想：「老二會去修的。」

小烏鴉想：「老大會去修的。」

結果誰也沒有去修。後來洞越來越大了。

大烏鴉想：「這下老二一定會去修了，難道巢這樣破了，它還能住嗎？」

小烏鴉想：「這下老大一定會去修了，難道巢這樣破了，它還能住嗎？」結果又是誰也沒有去修。

一直到了嚴寒的冬天，西北風呼呼地刮著，大雪紛紛地飄落。烏鴉兄弟倆都蜷縮在破巢裏，哆嗦地叫著：「冷啊！冷啊！」

大烏鴉想：「這樣冷的天氣，老二一定耐不住，它會去修了。」

小烏鴉想：「這樣冷的天氣，老大還耐得住嗎？它一定會去修了。」可是依然誰也沒有動手，只是把身子蜷縮得更緊了。

風越刮越凶，雪越下越大。

結果，巢被風吹到地上，兩隻烏鴉都凍僵了。

團隊成員要想知道他人的想法，必須與其進行直接有效的溝通，切忌憑自己的主觀想像妄加猜測，擅下結論。

團隊成員只有進行有效的溝通，才能在實現組織目標的過程中做到相互協調、互相配合，才能提高自己行動的效率。

81 沙灘排球

遊戲主旨：

這是一項很輕鬆、很愉快的活動，同時也是一個很好的訓練團體的合作意識和協調能力的遊戲。

遊戲人數：集體參與

遊戲時間：10 分鐘左右

遊戲材料：排球或其他球類

遊戲場地：沙灘，或其他空地

遊戲應用：

(1)對於集體合作意識的培養

(2)分工合作意識的培養

(3)有助於大家加強彼此之間的溝通，促進彼此的感情

活動方法：

1. 讓所有的學員站成一圈。

2. 培訓者拿出一個沙灘排球或者其他什麼球類，然後告訴大家，他們的任務就是要這個球在空中連續被擊 60 下，其間不能掉在

地上，同一個人不能連續擊球兩下。如果中間球掉在了地上，可以重新來過。

遊戲總結：

1. 遊戲的關鍵在於團隊的有效溝通與協作，大家應該事先確定一個計劃，然後有所分工，不要造成可能一哄而上，可能一個接球的人都沒有的局面，同時每個人接球的時候都應該儘量為後面的人創造更好的接球條件，不可以圖自己一時高興，弄得別人沒辦法接球。

2. 當你的同伴由於失誤把球掉在地上的時候，不應該嘲笑他或者譴責他，應該抱著支持和鼓勵的態度，撿起球繼續玩。

3. 這個遊戲應該在一個輕鬆愉快的氣氛進行，這樣才有助於大家進行更好的溝通與交流，促進同事之間的感情交流。

遊戲討論：

1. 有什麼好的辦法不讓球掉在地上？是大家都爭著去接球嗎？
2. 本遊戲對於日常的生活和工作有什麼啟示？

 小 故 事

團隊合作

　　美國加利福尼亞大學的學者做了這樣一個實驗：把 6 隻猴子分別關在 3 間空房子裏，每間 2 隻，房子裏分別放著一定數量的食物，但放的位置高度不一樣。第一間房子的食物就放在地上，第二間房子的食物分別從易到難懸掛在不同高度的適當位置上，第三間房子的食物懸掛在房頂。

　　數日後，他們發現第一間房子的猴子一死一傷，傷的缺了耳朵斷了腿，奄奄一息。第三間房子的猴子也死了。只有第二間房子的猴子活的好好的。

　　究其原因，第一間房子的兩隻猴子一進房間就看到了地上的食物，於是，為了爭奪唾手可得的食物而大動干戈，結果傷的傷，死的死。第三間房子的猴子雖做了努力，但因食物太高，難度過大，夠不著，被活活餓死了。只有第三間房子的兩隻猴子先是各自憑著自己的本能蹦跳取食。最後，隨著懸掛食物高度的增加，難度增大，兩隻猴子只有互相協作才能取得食物。於是，一隻猴子托起另一隻猴子跳起取食。這樣，每天都能取得夠吃的食物，很好的活了下來。

　　只有真正體現出個體能力與水準，發揮個體的能動性和智慧，才能使團隊間相互協作，共渡難關。團隊合作的前提是讓每一個人都感覺到團隊的業績與自己息息相關，他是執行者，而非旁觀者。

82 同舟共濟

🎯 **遊戲主旨：**

　　有沒有經歷過在公交車裏面擠得「頭破血流」？當你和身邊的同伴被擠在一起的時候，有時候除了那份無奈與惱火，還會加上一種同舟共濟的同伴之情。

💷 **遊戲人數：**10 人左右一組

💲 **遊戲時間：**10 分鐘

🖊 **遊戲材料：**報紙、膠帶、剪刀等

✈ **遊戲場地：**空地

💷 **遊戲應用：**

　　(1)培養學員之間的團隊意識

　　(2)鍛鍊大家共患難的精神

　　(3)加強大家之間的溝通與交流

ℹ️ **活動方法：**

　　1. 用膠帶把三張報紙連成圓紙筒，比賽人員進入圓紙筒內跑到目標再折回交予下一組，進行接力賽。

2.方法：

⑴全員分成數隊。

⑵根據號令幾個隊員跑進紙筒內（人數不限）。

⑶跑到目標再折回，把紙筒交給下一組。

⑷如果報紙破裂，紙箱內的人要當場用膠帶修理好。

⑸全員最快完成的一組獲勝。

遊戲總結：

1. 當我們同擠一張報紙，將報紙弄破，又齊心協力將其彌補起來的時候，我們可以最明顯地感受到我們之間的同伴之情，感覺到我們之間那種同舟共濟的感覺。

2. 在現實的生活和工作當中，我們更需要發揮這種同伴意識，要能夠大家在一起同患難，共同拼搏，共同努力。同時在成功之後又能互相扶持，不生異心，順境之中也能更好地合作與交流。

遊戲討論：

1. 當你和同伴緊緊地擠在一張報紙裏的時候，有一種什麼感覺？有沒有覺得大家之間的感情增進了很多？

2. 如果你們不慎將報紙弄破了，急急忙忙將其補救起來的時候，是不是最能體現你們團隊的集體精神的時候？

83 作用力和反作用力

遊戲主旨：

本遊戲可以幫助學員鍛鍊一種在對抗的局面下化解衝突的能力，並且幫助大家理解團隊合作。

遊戲人數：2 人一組

遊戲時間：10 分鐘

遊戲場地：空地

遊戲應用：

(1) 對於團隊溝通和團隊合作技巧的訓練

(2) 對於學員應變能力的培養

(3) 對於管理能力和領導技巧的訓練

活動方法：

1. 將學員分成兩人一組，讓他們面對面地站著，分別舉起雙手，將每一個人的手掌與其搭檔的手掌對在一起。

2. 培訓者喊開始，然後大家就必須用力地推對方的手掌，讓兩個人都盡可能地將力推向對方，可以在一旁為他們加油，「加油」、「就剩一點了」「馬上就勝利了」。

3. 在推得正興起的時候，悄悄地讓佔劣勢的一方鬆勁兒，看看會出現什麼後果。

4. 進行角色互換，最後衷心地感謝每一個人，你會發現他們大多會給你一個相當疑惑的笑容，不用理會他，對他們笑笑就可以了。

✈ 遊戲總結：

1. 當你將一個雞蛋放在熱水裏的時候，他就會變硬；當你把它放到冷水裏的時候，他就會變軟。人也是這樣，當你跟他硬碰硬的時候，他就會變得越發強硬，但是當你對他加以軟言相勸的時候，他往往能聽進去你的意見。

2. 在溝通中產生爭執是難免的，不要害怕這些爭執，但要注意策略，要在陳述自己的想法的同時傾聽他人的意見。如果別人說的對就加以採用，但是如果自己的較好，就要採用一些迂迴曲折的辦法，讓你的對手保持沉著和冷靜，並最終樂於聽從你的意見。

♻ 遊戲討論：

1. 當你用力地推你的同伴的手的時候，你的同伴會有什麼反應？

2. 當其中一個人撤回自己力氣的時侯，剩下的那一個人會發生什麼情況？會不會使他很生氣？

3. 從這個遊戲中，你有沒有體會到什麼道理？在日常工作中，當別人與你的意見不一致的時候，最好的做法是什麼？是一定要據理力爭嗎？

斷開的掃把

在前蘇聯普遍貧窮、購買任何東西都必須排隊的年代裏，有一個窮人，為了招待他來訪的外國友人，正興致勃勃地賣力打掃自己的房子。正當他很認真地在掃地的時候，一個不小心，「啪」的一聲，竟然將惟一的一柄掃把給弄斷了。蘇聯人愣了一秒鐘，馬上反應過來，頓時跌坐在地上，嚎啕大哭起來。

他的幾個外國朋友這時正好趕到，見到蘇聯人望著斷掉的掃把痛哭不已，便紛紛上前來安慰他。

經濟強盛的日本人道：「唉，一柄掃把又值不了多少錢，再去買一把不就行了！何必哭得如此傷心呢？」

知法守法的美國人道：「我建議你到法院，控告製造這柄劣質掃把的廠商，請求賠償；反正官司打輸了，也不用你付錢！」

浪漫成性的法國人道：「你能夠將這柄掃把給弄斷，像你這麼強的臂力，我羨慕都還來不及呢，你又有什麼好哭的啊？」

實事求是的德國人道：「不用擔心，大家一起來研究看看，一定有什麼東西，可以將掃把粘合得像新的一樣好用，我們一定可以找到方法的！」

台灣人道：「放心好了，弄斷掃把又不會觸犯什麼習俗的忌諱，你究竟在怕什麼呢？」

最後，可憐的蘇聯人哭著道：「你們所說的這些，都不是我哭的原因：真正的重點是，我明天非得要去排隊，才可以買到一柄新的掃把，不能搭你們的便車一起出去玩了……」

人與人之間的同理心，一向是人際溝通中最重要，也是最

容易被忽略的關鍵。從這裏我們可以清楚地看到，缺乏同理心的人際互動，將會產生什麼樣荒謬可笑的後果。每個人都有著自己既定的立場，也因此而習慣於執著在本身的領域當中，忘卻了別人也和自己一樣，有著他固執的一面。所以，在做任何事物的考慮之前，試著先將自己的想法放下，真正設身處地站在對方的立場，仔細為別人想一想，你將會發現，許多事情的溝通，竟會變得出乎想像的容易。

　　或許您會說，這樣的道理，早在八百年前就知道了，不就是「將心比心」嗎？也沒什麼新鮮的。是的，許多又好又簡單的成功法則，包括同理心的哲學，早就在我們的身邊出現很久了，只不過我們一直未能將之真正做到最好罷了。

84 任務要如何分派

遊戲主旨：

　　在一個團隊中，總是有上級和下級，總是有人在分派任務，也有人在聆聽並完成任務，怎樣保證任務傳遞的時候保持完整和正確，是一個非常值得注意的問題。

遊戲人數：10 人一組

遊戲時間：30 分鐘

遊戲材料：眼罩 6 個，20 米的繩子一條

 遊戲場地：空地

 遊戲應用：

(1)團隊合作意識的培養和團隊溝通重要性的薰陶

(2)領導藝術和任務傳達技巧的訓練

 活動方法：

1. 培訓者將所有的學員分成 10 人一組，這 10 個人中包括：一位總經理、一位總經理秘書、一位部門經理、一位部門經理秘書和六位操作人員。

2. 培訓者將總經理及總經理秘書帶到一個角落中，向他們說明遊戲的規則，注意不得讓其他人聽到：

(1)讓秘書給部門經理下達一項任務，該任務就是要讓操作人員在矇住眼睛的情況下，將一條 20 米的繩子擺成正方形，繩子一定要用盡。

(2)全過程總經理都不能直接指揮，一定要通過秘書傳達指令給部門經理，然後部門經理再指揮操作人員完成任務。

(3)部門經理有什麼不明白的地方，再通過秘書請示總經理。

(4)部門經理在指揮過程中，距離操作人員最少要 5 米以上。

遊戲總結：

1. 本遊戲中存在著一系列的問題，例如總經理不應該通過秘書來下達指示，而是應該自己傳達；部門經理不應該距離操作人員那麼遠，而是應該參與進來，有事及時解決，而不是什麼都要請教；部門

經理和總經理之間不應該通過秘書聯繫，這樣很容易造成意思的曲解和秘書的弄權，等等。

2. 雖然這些缺點都是遊戲設定的，但事實上，在日常工作中，存在著大量這樣的現象：專權，上下級之間管道不通，互相不理解，隔閡很深，團隊之間毫無互助合作精神存在，團體無凝聚力，不善於解決問題等等，值得大家好好審視一番。

遊戲討論：

1. 作為一個操作人員，你是如何評判你們的部門經理的？如果你是部門經理，你會如何指揮？

2. 作為部門經理，你是如何判斷你的總經理的？如果你是總經理，你又將如何行事？

3. 作為總經理，你對這項任務有何感受？如果允許改進，你將怎麼做？

小 故 事

砌牆與建設

三個工人在砌一堵牆。有人過來問他們：「你們在幹什麼？」第一個人沒好氣地說：「沒看見嗎？砌牆。」，第二個人抬頭笑了笑說：「我們在蓋一棟高樓。」第二個人邊幹活邊哼著小曲，他滿面笑容開心地說：「我們正在建設一座新城市。」10年後，第一個人依然在砌牆；第二個人坐在辦公室裏畫圖紙——他成了工程師；而第三個人，是前兩個人的老闆。

雖然這三個人做的事情是一樣的，但是他們面對工作的心

態不一樣，所以結果也就不一樣。說砌牆的人以抗拒、抱怨的心態來面對自己的工作，他不會喜歡自己的工作，也就不能獲得發展，所以，他一直都在「砌牆」。說蓋樓的人以平靜、客觀的態度來面對自己的工作，所以，他最終成了一名工程師。而說建設城市的人以愉悅的心態來面對工作，甚至愛上了自己的工作，最終獲得長遠的發展，成了前兩個人的老闆。

　　這就是心態的力量：同樣的起點，卻有著不一樣的終點。第三人和前兩個人相比具備什麼優勢嗎？沒有，唯一不同的就是他的心態。由此我們可以發現，要想在工作上獲得長遠的發展，最好的辦法拒絕抱怨，愛上自己的工作。只有愛上我們的工作，我們才會愉快地工作，才能把工作做得更好、在工作當中獲得發展，取得成就。

85 如何才能平衡

遊戲主旨：

　　這是一個很好的破冰活動，可以幫助打消彼此之間的矜持，為以後需要團隊成員相互提供身體支持的活動打下基礎。

遊戲人數：6 人一組

遊戲時間：15 分鐘

遊戲材料：幾個大箱子

 遊戲場地：空地

 遊戲應用：

(1)幫助消除彼此之間的陌生感，加強彼此之間的親近程度

(2)加強學員之間的溝通與交流

(3)加強團隊合作意識

(4)活躍現場氣氛

 活動方法：

1. 將學員分成 6 人一組。

2. 在空地上放幾個大箱子，保證每個組都有一個。

3. 每一組的一個隊員先站到箱子上，其他隊員一個接一個地站到箱子上，所有的學員都必須站到箱子上，身體的任何部位都不能接觸地面，那一組的人被擠掉了就算那一組人輸。那一組在箱子上站得最久，最持久的組就為獲勝組。可以讓最後一名的組為大家表演節目。

 遊戲總結：

1. 平衡箱遊戲需要高度的身體接觸，所以本遊戲在室外學習中是一個很好的破冰遊戲，可以幫助大家破除彼此之間的矜持，為以後大家提供幫助創造前提。

2. 對於大家上去的順序也要有所安排，例如讓瘦人先上去，胖人再上，否則萬一某一組有一個大胖子，他一個人上去別人都甭想上去了，那就不好了。

3. 破冰遊戲可以幫助大家加強彼此之間的溝通，加強大家之間

的親密感，為以後大家相互幫助、共同合作完成任務提供了基礎，也有助於活躍辦公室的氣氛等。

 遊戲討論：

1. 當越來越多的學員站到箱子上時，大家的感覺是什麼？

2. 在行動之前，各個小組都做了什麼樣的準備工作？

3. 遊戲結束之後，大家都有什麼樣的感受，是不是更加團結友好了？

 小 故 事

馬和驢子

馬和驢子是好朋友，馬在外面拉東西，驢子在屋裏推磨。後來，馬被玄奘大師選中，出發經西域前往印度取經。17年後，這匹馬馱著佛經回到長安，功德圓滿。而驢子還在磨坊裏推磨，默默無聞。驢子很羨慕馬：「你真厲害呀！那麼遙遠的道路，我連想都不敢想。」老馬說，「其實，我們走過的距離是大體相等的，只是我是向前走，而你是原地打轉而已。」

故事中的驢子和馬代表了現實生活中的兩種人——沒有計劃的人和有計劃的人。芸芸眾生中，真正的天才或白癡都是極少數，絕大多數人的智力都相差不多。然而，這些人在走過漫長的人生路後，有的功蓋天下，有的卻碌碌無為。本是智力相近的一群人，為何他們的成就卻有天壤之別呢？

傑出人士與平庸之輩最根本的差別，並不在於天賦，也不在於機遇，而在於有無計劃！有了計劃，我們就能向馬一樣，

不停地往前走，最終達到自己的目標。而一旦缺失了計劃，就像驢子一樣，一輩子在一個地方打轉，毫無成效而言。在職場之上同樣是如此，只有你具備自己的計劃，你才能在日復一日的工作當中積累經驗，否則歲月的流逝只意味著年齡的增長，平庸得只能日復一日地重複自己。

86 百花齊開

遊戲主旨：

本遊戲適合於一個團隊中一開始新成員的相互熟識、打破尷尬時使用，可以幫助我們消除拘謹情緒，增進溝通。

遊戲人數：30～50 人

遊戲時間：15 分鐘左右

遊戲材料：獎品

遊戲場地：空地

遊戲應用：

(1)新成員之間的相互熟識

(2)溝通技巧的訓練

⑶團隊合作精神培養

 活動方法：

1. 讓所有的參賽者務必記住以下 7 條口訣：

牽牛花 1 瓣圍成圈；杜鵑花 2 瓣好做伴。

山茶花 3 瓣結兄弟；馬蘭花 4 瓣手拉手。

野梅花 5 瓣力氣大；茉莉花 6 瓣好親熱。

水仙花 7 瓣是一家。

2. 讓所有人隨意站立在指定的圈內，遊戲開始，主持人擊鼓念兒歌，主持人的兒歌隨時會停止，當主持人喊到「山茶花」時，場內的參賽者必須迅速包成 3 個人的圈，當喊到「水仙花」時，要結成 7 個人的圈，「牽牛花」就只要 1 個人站好就可以，凡是沒有能夠與他人結成圈，或者數字錯誤的，都被淘汰出局，到最後圈子裏剩下的為贏家。

3. 獎勵方法：等到圈內剩餘人數只有 5 人左右時，遊戲即停止，這剩餘的人即可獲得個人獎。

 遊戲總結：

1. 本遊戲要求反應敏捷，動作迅速，當然記憶力要相當的好，50 個人的大遊戲，難免會亂作一團，到時候你要記得相信自己！

2. 大家在玩樂的過程中就可以增進彼此的友誼，加強溝通與交流，增進整個團隊中的互助精神，提高團隊互助意識，為以後的合作打下良好的基礎。

 遊戲討論：

1. 經過這個遊戲之後，你與新見面的同事或者同學之間氣氛是

不是融洽了很多？

2.對於人與人之間交流來說，微笑和快樂有什麼作用？

 小 故 事

漁竿和魚

　　陌路的兩個漁夫分別有一根漁竿和一筐魚。兩個人都想去海邊捕魚，但最後兩個人都餓死在海邊。同行的兩個漁夫也有一根漁竿和一筐魚，他們兩個商定共同去海邊捕魚，他倆以魚為糧，經過遙遠的跋涉，來到了海邊，以捕魚為生，慢慢地過上了幸福安康的生活。

　　為什麼前面兩個人會餓死呢？很簡單，得到魚的人來到海邊卻沒有漁具，吃光魚後他便餓死在空空的魚簍旁。而得到漁竿的人則忍饑挨餓，一步步艱難地向海邊走去，可當他掙扎到海邊，卻再無力氣釣起魚來，終於餓死。而後面兩個人既有魚吃又有漁竿，趕到海邊便衣食無憂。

　　如果把到海邊釣魚為生當成目標的話，那麼手中的魚或漁竿就是現實。要想達到目標，首先就應該考慮現實的情況。只有目標，沒有現實，就會像那個只得到魚的人一樣，最終因為沒有漁具而餓死在海旁邊；同樣的道理，如果沒有目標，只有現實，那麼就會像那個只得到漁竿的人一樣，趕到海邊卻再無力氣。

　　我們只有將目標和現實結合起來，才能把事情落到實處。就像後面兩個人一樣，既有魚又有漁竿，最後才能過上幸福的

生活。

　　如何處理好目標和現實之間的關係是當今職場人士必須要搞清楚的問題，才能真正把工作做好、落到實處。這就是這則故事給我們的啟示。

87 我的目標

遊戲主旨：

在任何時候，只有知道對方到底想要什麼，才能滿足對方的需要。這個遊戲就是通過培訓師與學員之間的溝通，說明了這一點。

遊戲人數：集體參與

遊戲時間：20 分鐘

遊戲材料：紙、筆

遊戲場地：室內

遊戲應用：

(1)項目剛開始前的溝通與交流

(2)團隊協作性的培養

(3)激發新成員的學習積極性

i 活動方法：

1. 給每一個學員發一張「我的目標」卡，給他們 2 分鐘時間，讓他們講講今天來這裏上課的目的是什麼，他們想從這個課程裏面得到什麼。

2. 接下來讓大家分享一下他們來這裏的目的，評選出最有代表性的問題等等。

3. 如有可能，請將這些卡片保留至課程結束。那時讓學員對照自己寫的卡片來回味培訓對他們的幫助。

✈ 遊戲總結：

1. 這個遊戲不僅可以用在這種培訓課程的考試，還可以用於其他很多地方，例如新員工剛開始進入公司的交流，對於一個項目收益的提前估計。

2. 我們如果想要在學習和工作中獲得成功，就必須提前明確我們做每一步的目的和期望，確定我們最後得到的結果，以及實現目標的步驟，做到有備無患，才能獲得很好的結果。

3. 對於培訓師或上級來說，要能夠虛心、誠懇地接受學員和新員工的意見，根據他們的期望對於自己可以掌握的東西進行調整，即便不能改變的，也要說清楚，加強彼此之間的溝通，這樣才不會影響以後的協作。

♻ 遊戲討論：

1. 大家分享一下彼此來此培訓的目的？這個遊戲對於以後的教學有什麼好處？

2. 這種方式還可以用在什麼地方

88 傳遞牙籤

🔵 **遊戲主旨：**

這個小遊戲將通過一個詼諧幽默的遊戲方法來使參與者明白團隊合作的重要性，同時增進大家彼此之間的感情。

🔵 **遊戲人數：** 分成兩組

🔵 **遊戲時間：** 10 分鐘

🔵 **遊戲材料：** 牙籤，橡皮筋，凳子

🔵 **遊戲場地：** 空地

🔵 **遊戲應用：**

(1)幫助學員體會團隊合作的重要性和方法

(2)增進團隊凝聚力

(3)促進參與者彼此之間的感情溝通

ℹ️ **活動方法：**

1. 將學員分成兩組，一組學員排成一排，站在凳子上。

2. 給每位凳子上的學員發一隻牙籤銜在嘴裏，給第一位學員的牙籤上套一個橡皮筋，要求第二名學員用牙籤接住後向下傳，第三名

接住後再往下傳……直到傳到最後一名學員。

　　3. 站在地上的一組學員除了不能推凳子上的人外，可以用任何辦法進行干擾，如果橡皮筋掉了的話，就要重新開始。

　　4. 一組傳完後，兩組隊員交換角色。

🛫 遊戲總結：

　　1. 一個團隊最能發揮創造力的時候往往是有外敵入侵的時候，正像一個民族無論平時怎麼內訌，相互殘殺，在有外敵的時候，還是會團結起來一致對外的，所以要想讓一個團隊發揮它最大的潛力，一定要創造出一個假想敵來，然後是大家發揮出最大鬥志和最大潛力。

　　2. 本遊戲還可以幫助增進大家之間的感情程度，增進團隊的團結度。

♻ 遊戲討論：

　　1. 當你們組的牙籤掉下來的時候，你有什麼感覺？當別人拼命阻止你的時候，你有什麼感覺？

　　2. 什麼時候是團隊凝聚力最強、最能發揮戰鬥力的時候？本遊戲對你們的日常工作有什麼啟示？

89 相互鞠躬

🔶 **遊戲主旨：**

　　本遊戲以一個很熱鬧的形式，加強了團隊之間的溝通與交流，同時能夠增進彼此之間的感情。

🔶 **遊戲人數：** 集體參與

🔶 **遊戲時間：** 5 分鐘

🔶 **遊戲場地：** 空地

🔶 **遊戲應用：**

　　⑴促進團隊成員間的溝通與交流

　　⑵使大家儘快活絡起來

🔷 **活動方法：**

　　1. 讓學員站成兩排，兩兩相對。

　　2. 各排派出一名代表，立於隊伍的兩端。

　　3. 相互鞠躬，身體要彎腰成 90 度，高喊×××你好。

　　4. 向前走，交會於隊伍中央，再相互鞠躬高喊一次。

　　5. 鞠躬者與其餘成員均不可發笑，笑出聲者即被對方俘虜，需排至對方隊伍最後入列。

6. 依次交換代表人選。

遊戲總結：

1. 人們常說，當你面對生活的時候，你實際上是在面對一面鏡子，你笑，生活笑，你哭，生活也在哭。面對別人的時候也是這個道理，要想獲得別人的笑容，你首先要綻放自己的笑容。所謂己所不欲勿施於人，既然你不想讓別人對你繃著臉，為何要對別人繃著臉呢？

2. 在團隊合作中，彼此之間保持默契，維繫一種快樂輕鬆的氣氛，會非常有利於大家彼此之間的溝通，也會加快合作步伐。

遊戲討論：

1. 這個遊戲給你最大的感覺是什麼？做完這個遊戲之後，你有沒有覺得心情格外舒暢？

2. 本遊戲給你的日常生活與工作以什麼啟示？

90 雙向交流的技巧

遊戲主旨：

交流分為兩種，一種是單向交流，一種是雙向交流。溝通強調「互動」，即交流雙方彼此分享意見和想法。這個遊戲就是一個生動的例子，讓學員體會到了單方面交流和被迫接受資訊的困難，提醒他們要採用互動的方式進行交流。

遊戲人數：集體參與

遊戲時間：30 分鐘

遊戲材料：一張圖示（見附圖）

遊戲場地：教室

遊戲應用：

(1) 交流技巧

(2) 團隊溝通

活動方法：

1. 請一位學員來協助做這個遊戲，給他看事前準備好的一張圖。

2. 告訴其他學員，這個學員將為他們描述這張圖的內容，請他們按照這個學員的描述把內容畫出來。

3. 請他背向大家站立，避免與別人的眼神和表情交流。他只能做口頭描述，不能有任何手勢或動作。

4. 其他學員也不能提問，一切聽從上面學員的指揮。

5. 遊戲完畢後，將圖展示給大家看，讓大家檢驗自己的圖畫得是否正確。

6. 再請另一位學員上台做這個遊戲，但這次允許大家雙向交流，看看結果怎樣。

遊戲總結：

1. 單向交流常常使人得不到及時、準確的資訊。有問題不能問，

出了錯也不能及時知道，會讓人無所適從，從而錯誤叢生。

2. 單向交流表達的只是一方的想法和意見，嚴格來說並不能算是交流，有點像老師講課滿堂灌的味道。你完全不知道對方面臨的實際困難是什麼，也就無從下手解決對方的困惑以及解答他想知道的問題，也就無法提供有用的資訊。

3. 在一個團隊當中，只有彼此之間隨時保持雙向的交流，才能使大家的意見都得到重視，使每個人都能獲得起碼的權益，不至於使上下級之間產生隔閡，同事之間勾心鬥角，才能使這個團隊正常地向前走。

遊戲討論：

1. 當我們只能靠聽覺交流時，是否感到不順暢、焦急和困難？為什麼？

2. 為什麼單向交流如此困難？即使是雙向交流也會有人出錯，分析一下這是為什麼？

附圖：

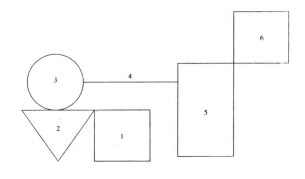

91 示範動作

遊戲主旨：

　　這個遊戲在於說明團隊的形成和保持，體現每個成員的配合度與對團隊的維護。

遊戲人數：集體參與

遊戲時間：20 分鐘

遊戲場地：空地

遊戲應用：

　　(1)活躍現場氣氛

　　(2)體現團隊行為

活動方法：

　　1. 讓學員站成一圈，培訓者先站在其中做示範。遊戲開始時，培訓者抬起手隨意指向另一個學員，這個被指的學員需要也抬起手指向另一個學員，以此類推，直到所有人都指著別人為止。

　　2. 告訴大家不許指向已經指著別人的人，當大家都指著別人時，才可以把手放下。這時培訓者可以退出圈子，讓學員們自行遊戲。

　　3. 現在告訴他們，請他們把目光鎖在剛才指向的人的身上。他

們的工作就是監督那個人,要模仿那個人的每個動作。記住,是每一個動作,無論這個動作有多小,多麼不經意。

4. 學員們只能站著不動,只有他們的模仿目標動了他們才能動。

5. 遊戲開始後你會發現,到處都是小動作。無論什麼時候,當有人做了一個動作,這個動作將會被大家傳播開,無休止地重覆下去。

遊戲總結：

1. 這個遊戲既可以激發學員的學習熱情,還可以活躍氣氛。對於學員來說,他們從這個遊戲裏應該學到兩件事,一是作為團隊的成員,他們有義務維護團隊的規則並與隊員密切配合。另一方面,當團隊的規則出現不合理的地方時,需要有成員及時出來叫停,以免團隊向不好的方向發展。這是需要勇氣和智慧的。

2. 一個好辦法就是選出一個領導,他的作用就是監督團隊的發展,發現不良現象時能及時叫停。

遊戲討論：

1. 有誰知道這個動作是誰最先發起的嗎?

2. 當某人先開始後,一旦別人都這麼做了,有什麼麻煩?

3. 這個遊戲是如何模仿你的團隊在現實生活中的做法的?玩這個遊戲的代價是什麼?對你來說,你個人停止參與這個不良循環,有多重要?為了改變這種規範,你願意做什麼?

92 最新的波浪遊戲

遊戲主旨：

這是一個非常好玩的遊戲，遊戲的同時還可以增進同學之間的友誼和團結合作的精神。

遊戲人數：全體參與

遊戲時間：30 分鐘

遊戲材料：大纜繩（每人半米為宜）

遊戲場地：空地

遊戲應用：

(1)幫助成員充分理解個人在團體中的作用

(2)用於加強團體成員的團隊意識

活動方法：

1. 培訓者應該事先準備一條很長很粗大的纜繩，其長度應以平均每人半米為宜。

2. 讓所有的遊戲人員抓住纜繩，均勻地圍成一個圓圈。

3. 讓一邊的參與者往下蹲，此時其他三個方向的參與者都能感

受到力量的改變。

4. 然後讓其他三個方向的人分別向下蹲下去，依次按順時針方向進行。

🛫 遊戲總結：

1. 一旦力量發生了改變，就會產生失衡的感覺，嚴重的會導致整個集體的分崩離析，大家都倒在那裏。所以團隊中的每一個角色都是非常重要的，任何人都不能存在僥倖心理。

2. 怎樣才能讓團隊建立起平衡關係呢？關鍵就是要各方面用的力一定要均勻，大家一定要保持均衡用力，才能使重心維持在中心位置。

♻ 遊戲討論：

1. 當有人向下蹲的時候，作為不蹲的一方，你會感覺到有什麼力量的變化？

2. 你們這個團隊是怎樣達到相互配合的效果的？如果不能相互配合的話，結果會怎麼樣？

93 企業文化

遊戲主旨：

企業文化代表了一個企業的精神，它可以增強學員的歸屬感和凝聚力。這個遊戲就充分說明了這一點。

遊戲人數：10 人左右一組

遊戲時間：30 分鐘

遊戲材料：每組一面彩旗、一隻旗杆、一盒彩筆

遊戲場地：室內

遊戲應用：

(1)團隊精神和團隊意識的培養

(2)加強團隊創新意識的培養

活動方法：

1. 培訓者發給每個小組一面彩旗、一隻旗杆和一盒彩筆。

2. 要求學員在 30 分鐘之內建立自己小組的口號和企業文化，還可以有隊歌、標誌等等，比一比，看那一組的想法最有創意，最能體現本組人的特點。

遊戲總結：

1. 在平時，人們往往一提到企業文化就會覺得那是高深莫測、玄而又玄的東西，但實際上，企業文化就體現在員工的日常生活和行為舉止當中。

2. 只有一個團隊積極向上、互利合作，才能形成團隊特有的精神面貌，大家才能一起努力，做出驕人的成績。

遊戲討論：

1. 這樣的遊戲方式對於各個小組來說有什麼好處？

2. 對於你們組來說，你們組是如何設計自己的企業文化、標誌的？是什麼給了你們啟迪和暗示？

94 客戶來了

遊戲主旨：

本遊戲可以讓學員體會到團隊共同完成任務時的合作精神，瞭解團隊是如何選擇計劃方案以及如何發揮所有人的長處的，並感受到團隊的創造力。

遊戲人數：人數不限

遊戲時間：30 分鐘

遊戲材料：

(講師用)小絨毛玩具、乒乓球、小塑膠方塊各 1 個，將以上材料裝在一個不透明的包裹中

遊戲場地：室內外約 6 平方米的空間

遊戲應用：

(1)對於團隊合作意識的培養

(2)幫助成員發揮集體的創造力

活動方法：

1.將學員分成小組，每組不少於 8 人，以 10～12 人為最佳。

2.「絨毛」代表客戶。

3.講師讓學員站成 1 個大圓圈，選其中的 1 個學員作為起點。

4.講師說明：我們每個小組是一個公司，現在我們公司來了一位「客戶」（即絨毛玩具、乒乓球等）。它要在我們公司的各個部門都看一看，我們大家一定要「接待」好這個客戶，不能讓客戶掉到地下，一旦掉到地下，客戶就會很生氣，同時遊戲結束。

5.規則如下：

(1)「客戶」必須經過每個團隊成員的手遊戲才算完成。

(2)每個團隊成員不能將「客戶」傳到相鄰的學員手中。

(3)講師將「客戶」交給第一位學員，同時開始計時。

(4)最後拿到「客戶」的學員將「客戶」拿給講師，遊戲計時結束。

(5) 3 個或 3 個以上學員不能同時接觸「客戶」。

(6)學員的目標是速度最快。

6.講師用一個「客戶」讓學員做一個練習，熟悉遊戲規則。真正開始後，講師會依次將 3 個「客戶」從包裹中拿出來遞給第一位學員，所有「客戶」都被最後一位學員傳到講師手中時遊戲結束。

7.此遊戲可根據需要進行 3～4 次，每一次開始前讓小組自行決定用多少時間。講師只需問「是否可以更快」即可。

8.注意：

(1)講師可以採用任何其他 3 樣東西代替以上道具。

(2)要想增加難度，講師可以增加「客戶」的數量。

 遊戲總結：

1.要想贏得客戶，企業的每個部門都要相互支援和合作。

2.銷售的成功並不是銷售部門的事情，要取決於全公司的支持。

3.要想在競爭激烈的環境中贏得客戶，發揮團隊的創造力是非常重要的。而創造力需要不斷的嘗試和每個人的支援。

4.團隊的創造力決定團隊的質量和前景。

 遊戲討論：

1.剛才的活動中，你們對自己那些方面感到滿意？

2.剛才的活動中，那些方面覺得需要改進？

3.這活動讓你們有什麼體會？

95 團隊氣氛

遊戲主旨：

公司氣氛會影響人們之間的溝通與合作狀況。舒適健康的氣氛有助於公司成員的正常發揮，而壓抑、獨裁的工作環境，則不利於人們發揮創造性和能動性。

遊戲人數：5 人一組

遊戲時間：60 分鐘

遊戲材料：紙、筆

遊戲場地：室內

遊戲應用：

(1)創造性解決問題

(2)團隊合作精神的培養

(3)對於團隊合作環境的思索

活動方法：

1. 將學員分成五人一組。給每個小組一些紙和筆，建議每個小組的人圍成一圈坐在桌子旁。

2. 讓他們分別列舉出 10 個最不受人歡迎和最受人歡迎的氣氛，例如：放任、憤世嫉俗、獨裁、輕鬆、平等，等等。

3. 將每個小組的答案公佈於眾，然後讓他們解釋他們選擇這些答案的原因。

4. 最後大家討論一下，什麼樣的公司氣氛才最適合公司的發展。

🛩 遊戲總結：

1. 每個人理想的公司氣氛一定反映了他的價值觀和人生觀，很難想像一個富有激情和活力的人會希望在一個機構冗雜、等級森嚴的公司中工作，同樣，大家對於一個公司的共同設想就反映了這個公司的理念與價值。

2. 在小組討論的過程中，不同的人要扮演不同的角色，有些人更多的看中公司的文化氣息，有些人更多的看中公司的競爭精神，最後將大家的意見綜合起來，就有可能形成一個有關公司氣氛的全面建議。

3. 作為一個組員來說，要尊重別人的意見，積極貢獻自己的點子，講究溝通與合作，獲得整個小組的利益最大化。

😈 遊戲討論：

1. 理想的公司氣氛反應了你什麼樣的價值呢？

2. 你與你團隊的意見是否相同？如果有什麼相左的地方，你們是如何解決的？彼此應該怎樣進行交流？

96 扮演總裁

遊戲主旨：

在一個團隊中，需要有很多不同的角色，每個角色的任務不同，分工不同，但都有一個共同的目標就是要完成整個團隊的任務。本遊戲就將幫助大家認識這一點。

遊戲人數： 6 人一組

遊戲時間： 30 分鐘

遊戲材料： 任務說明書

遊戲場地： 空地

遊戲應用：

(1)幫助學員瞭解到團隊合作的重要性

(2)培養團隊內溝通與協調的能力

活動方法：

1. 三名學員扮演工人一起被矇住雙眼，帶到一個陌生的地方。

2. 兩名學員扮演經理，一名學員扮演總裁。

3. 遊戲規則：

工人可以講話，但什麼也看不見；經理可以看，可以行動，但不能講話；總裁能看，能講話，也能指揮行動，但卻被許多無關緊要的瑣事纏住，無法脫身（他要在規定時間內做許多與目標不相關的事），所有的角色需要共同努力，才能完成遊戲的最終目標——把工人轉移到安全的地方。

4. 注意：任務說明書可以由培訓師根據情況設計，關鍵是遊戲中總經理要有許多瑣事纏身。

 遊戲總結：

1. 企業上下級的溝通是極其重要的！遊戲完全根據企業現實狀況而設計，總裁並不能指揮一切，他只能通過經理來實現企業正常運轉；經理的作用更是重要，他要上傳下達；而工人最需要的是理解和溝通。

2. 當我們在日常的工作中遇到問題的時候，一定要以「角色轉換」的心態來對待，設身處地的為對方著想，很多問題就能迎刃而解了。

遊戲討論：

1. 你在本遊戲中的最大體會是什麼？

2. 你認為在一個企業的團隊合作中，什麼是最重要的？

團隊合作的小故事

IBM「長板凳」接班計劃

現實當中，很多人都把領導力狹隘地理解為領導者的個人能力。從公司的領導力培養特點中，可以顯而易見地發現：只有形成自上而下的管理體系和環環相扣的管理梯隊，企業才能在激烈的競爭中取得良好的財務表現。

接班人計劃是 IBM 完善的員工培訓體系中的一部份，它還有一個更形象的名字：「Bench(長板凳)計劃」。「Bench 計劃」一詞，最早起源於美國：在舉行棒球比賽時，棒球場旁邊往往放著一條長板凳，上面坐著很多替補球員。每當比賽要換人時，長板凳上的第一個人就上場，而長板凳上原來的第二個人則坐到第一個位置上去，剛剛換下來的人則坐到最後一個位置上去。這種現象與 IBM 的接班人計劃及其表格裏的形狀非常相似。IBM 的「Bench 計劃」由此得名。

IBM 要求主管級以上員工將培養手下員工作為自己業績的一部份。每個主管級以上員工在上任伊始，都有一個硬性目標：確定自己的位置在一兩年內由誰接任；三四年內誰來接；甚至你突然離開了，誰可以接替你，以此發掘出一批有才能的人。IBM 有意讓他們知道公司發現了他們並重視他們的價值，然後為他們提供指導和各種各樣的豐富經歷，使他們有能力承擔更高的職責。相反，如果你培養不出你的接班人，你就一直待在這個位置上好了。因為這是一個水漲船高的過程，你手下的人好，你才會更好。

「長板凳計劃」實際上是一個完整的管理系統。由於接班

人的成長關係到自己的位置和未來，所以經理層員工會盡力培養他們的接班人，幫助同事成長。當然，這些接班人並不一定就會接某個位置，但由此形成了一個接班群，員工看到了職業前途，自然會堅定不移地向上發展。

97 七個和尚分粥

遊戲主旨：

有沒有聽過一個經典的和尚分粥的故事？怎樣才能讓他們分得足夠公平呢？這就需要學員開動腦筋了。

遊戲人數： 集體參與

遊戲時間： 30 分鐘

遊戲場地： 不限

遊戲應用：

(1)團隊結構的構建與協調

(2)管理思想與領導能力的訓練

(3)創新思維與邏輯能力的培養

活動方法：

1. 培訓師首先給大家講述下面這樣一個場景：

有七個和尚曾經住在一起，每天分一大桶粥。要命的是，粥每天都是不夠的。

一開始，他們抓鬮決定誰來分粥，每天輪一個。於是乎每週下來，他們只有一天是飽的，就是自己分粥的那一天。

後來他們開始推選出一個道德高尚的人出來分粥。強權就會產生腐敗，大家開始挖空心思去討好他，賄賂他，搞得整個小團體烏煙瘴氣。

然後大家開始組成 3 人的分粥委員會及 4 人的評選委員會，互相攻擊扯皮下來，粥吃到嘴裏全是涼的。

2. 直到現在，那七個笨和尚還在為吃粥的事情頭疼不已，在座的諸位有什麼辦法嗎？

遊戲總結：

1. 分粥的好辦法還是有的：輪流分粥，但分粥的人要等其他人都挑完後拿剩下的最後一碗。為了不讓自己吃到最少的，每人都儘量分得平均，就算不平的，也只能認了。同樣是七個人，不同的分配制度，就會有不同的風氣。所以一個團隊中如果有不好的工作習氣，一定是機制問題，一定是沒有完全公平、公正、公開，沒有嚴格的獎勤罰懶制度。如何制訂這樣一個制度，是每個領導需要考慮的問題。

2. 尋找解決辦法的過程，是一個我們需要發揮想像力、邏輯能力、分析能力的過程，只有這樣才可能會想出上述足夠公平的解決辦法。

遊戲討論：

1. 你有什麼好辦法能讓大家都滿意，從此不會爭吵下去？
2. 這個遊戲對我們的日常工作由什麼啟示？

 小 故 事

林肯「獨斷」

決斷力是一個企業領導者最基本的素質之一。作為領導者，要善於從錯綜複雜的形勢中發現正確的解決問題的途徑，並且不遺餘力的得到執行。

美國前總統林肯上任後不久，有一次將 6 個幕僚召集在一起開會。林肯提出了一個重要法案，而幕僚們的看法並不統一，於是 7 個人便熱烈地爭論起來。林肯在仔細聽取其他 6 個人的意見後，仍感到自己是正確的。在最後決策的時候，6 個幕僚一致反對林肯的意見，但林肯仍固執己見，他說：「雖然只有我一個人贊成，但我仍要宣佈，這個法案透過了。」

表面上看，林肯這種忽視多數人意見的做法似乎過於獨斷專行。其實，林肯已經仔細地瞭解了其他 6 個人的看法並經過深思熟慮，認定自己的方案最為合理。而其他 6 個人持反對意見，只是一個條件反射，根本就沒有認真考慮過這個方案。既然如此，自然應該力排眾議，堅持己見。因為，所謂討論，無非就是從各種不同的意見中選擇出一個最合理的。既然自己是對的，那還有什麼猶豫的呢？

在企業，經常會遇到這種情況：新的意見和想法一經提出，必定會有反對者。其中有對新意見不甚瞭解的人，也有為反對

而反對的人。

一片反對聲中，領導者猶如鶴立雞群，限於孤立之境。

這種時候，領導者不要害怕孤立。對於不瞭解的人，要懷著熱忱，耐心地向他說明道理，使反對者變成贊成者。對於為反對而反對的人，任你怎麼說，恐怕他們也不會接受，那麼，就乾脆不要寄希望於他的贊同。

重要的是你的提議和決策，只要真理在握，就應堅決地貫徹下去。決斷是不能由多數人來做的。多數人的意見是要聽的；但做出決斷的，是一個人。

98 團隊如何解決問題

遊戲主旨：

使參與學員獲得解決他們的疑問、焦慮和問題的可能方法。

遊戲材料：

一間房子，裏面有可移動的椅子或其他能夠進行重新佈置的設施。

活動方法：

佈置一下房間，讓每五把椅子圍成一個圓圈，並圍住（而且正對）另外五把椅子（共有兩個圓圈，每把椅子都相互正對著）。讓五個人坐在外面一圈椅子上，作為裏面一圈椅子上「客戶」的「顧問」。

「客戶」用 1 分鐘的時間向「顧問」說明自己一個重要的疑問或問題。然後「顧問」用 2 分鐘的時間與「客戶」進行商討、澄清和提供建議等。

3 分鐘後（總共用時），「顧問」向他的左邊移動一個位置。外圈的遊戲參與者與裏圈的遊戲參與者變換一下角色，外圈的人成為「客戶」而裏圈的人變成「顧問」。同樣，「客戶」有 1 分鐘時間說明他的問題，而「顧問」用 2 分鐘的時間來對這個問題做出回答。

如果還有時間：

3 分鐘後（總共用時），「顧問」向他的左邊移動一個位置，與一個新的「客戶」重覆上面的步驟，這個新「客戶」會向新的「顧問」再次提出他的問題。這一過程的時間限制也是 3 分鐘。

同樣的步驟重覆三次。然後，讓兩個圈子的參與者相互交換位置。（「客戶」坐到外圈上成為「顧問」。）

重覆上述向左移動和提問的過程。

小提示：

給「客戶」們一些紙，讓他們記下所聽到的最精彩的建議。這樣就不會有人因為後來忘了一個切實可行的辦法而感到灰心喪氣了！

 遊戲討論：

1. 你們中有那些人得到了切實可行的答案？

2. 你們願意告訴別人自己的事情嗎？

3. 為什麼有這麼多人能夠毫無保留的將自己的問題告訴陌生人？

4. 那類「顧問」技巧最能打開你的思路並使你接受他們的建議？

小 故 事

文件的顏色

現代經濟進入高速發展時期，而經濟發展主要依靠管理和技術，經濟學家認為西方工業現代化是「三分靠技術，七分靠管理」。眾多的企業透過改進管理、創新求實，成為世界知名企業。

美國汽車公司總裁要求秘書給他的呈遞文件放在各種顏色不同的公文夾中。

紅色的代表特急；綠色的要立即批閱；桔色的代表這是今天必須注意的文件；黃色的則表示必須在一週內批閱的文件；白色的表示週末時需批閱；黑色的則表示是必須他簽名的文件。

把工作分出輕重緩急，條理分明，你才能在有效的時間內創造出更大的效益，也使你工作遊刃有餘、事半功倍。

99 晚點名

遊戲主旨：

只有在競爭中才能真正體現出團隊合作的意義，所以我們藉由一個競爭的環境來激勵大家的團隊合作精神。

遊戲人數：參與人員越多越好

遊戲時間：60 分鐘，由團隊的人數的多少決定

 遊戲材料：秒錶

 遊戲場地：空地

 遊戲應用：

(1)使團隊通過競爭提高他們的效率

(2)團隊隊員的責任心

活動方法：

1. 遊戲第一步就是要求所有參加的人在 2 分鐘之內平均分成兩組。

2. 挑選男女隊長各一名，組織團隊進行比賽（隊長不參加比賽。）

3. 培訓者要求隊長宣誓，問三個問題：「有沒有信心戰勝對手」、「如果失敗，敢不敢面對隊員的指責」、「如果失敗，願不願意承擔由此所帶來的一切責任」。

4. 培訓者宣佈比賽規則：

(1)全隊學員進行報數，速度越快越好。

(2)分別進行 8 輪比賽，每輪比賽間隔休息 3 分鐘、2 分鐘（2 次）、1 分半鍾 2 次、1 分鐘（2 次）。

(3)每輪比賽進行獎懲。輸者，由隊長率領隊員向對方表示誠服，並對對方隊員說：「願賭服輸，恭喜你們！」並由男女隊長做俯臥撐 10 次。如果以後再輸，俯臥撐的次數將會成倍遞增。贏者，全隊哈哈大笑，以示勝利。

(4)將每輪比賽的結果記錄在白板上。

5.遊戲結束，播放抒情音樂(熄燈)，誦讀一篇散文(記述文，並在最後一輪失敗的人當中在做俯臥撐的時候，讓學員深深感受到責任是一種非常重要的人生)。

6.誦讀結束，培訓者引導大家討論。

 遊戲總結：

1.競爭會創造出一種氣氛，使得大家用盡全力與對手抗爭的氣氛，在這種氣氛中，團隊內部的矛盾實際上是微不足道的，大家在此時會真正體會到團隊合作的意義，加強團隊的效率。

2.激進的口號會使得大家心潮澎湃，更加增進學員的團結和進取精神，同時使得大家發揮出原來可能不曾注意到的潛力。

 遊戲討論：

1.每個人都同意所有的意見嗎？如果不是，為什麼？

2.當你們小組失敗的時候，你會有什麼感覺？

 小 故 事

贏得部屬的心

有一次，松下幸之助在一家餐廳招待客人，一行 6 個人都點了牛排。等 6 個人都吃完主餐，松下讓助理去請烹調牛排的主廚過來，他還特別強調：「不要找經理，找主廚。」助理注意到，松下的牛排只吃了一半，心想，一會兒的場面可能會很尷尬。

主廚來時很緊張，因為他知道請自己的客人來頭很大。「是

不是有什麼問題？」主廚緊張地問。「烹調牛排，對你已不成問題，」松下說，「但是我只能吃一半。原因不在於廚藝，牛排真得很好吃，但我已 80 歲了，胃口大不如前。」

主廚與其他的 5 位用餐者困惑得面面相覷，大家過了好一會兒才明白怎麼一回事。「我想當面和你談，是因為我擔心，你看到吃了一半的牛排送回廚房，心裏會難過。」

如果你是那位主廚，聽到松下先生的如此說明，會有什麼感受？是不是覺得備受尊重？客人在旁聽見松下如此說，更佩服松下的人格並更喜歡與他做生意。

100 取得一致意見

遊戲主旨：
本遊戲可以幫助團隊的領導者瞭解團隊成員是否取得了一致的意見。

遊戲人數：集體參與

遊戲時間：30 分鐘

遊戲材料：紅、黃、綠色的信號卡

遊戲場地：不限

遊戲應用：

(1)團隊內部的溝通與交流

(2)領導能力的鍛鍊

(3)團隊建設

活動方法：

1. 培訓者首先製作一些信號卡，團隊成員籍此可以向你傳遞一些非語言的資訊。也可找一些招貼用的紙板，如一面紅色的，另一面是綠色的紙板。將它們剪成邊長為 9 釐米的方形紙片。在遊戲開始的時候，把彩色紙片分發給參與者。

2. 讓參與者出示手中的紙片——可以一直舉著，也可以不時地舉起，用這樣的方式來回答問題。

3. 當他們同意一個新得出的結論（或是討論的進度）的時候，就出示綠色的紙片。當他們反對採取某一行動或對討論的進度和範圍不滿時，就出示紅色的紙片。你也可以準備一些表示其他信號的紙片——例如表示中立的白色紙片和表示不確定的黃色紙片。

4. 如果還有時間，你也可以仿製一些奧運會的裁判用卡片（例如，上面分別有 10、9、8 等數字），分給每個成員。然後，讓他們用來回答試探他們的滿意度或支持度的問題，你就可以對他們的感受有一個迅速的認識。

遊戲總結：

1. 這個遊戲能夠有助於避免團隊在進行決策時的最大危險——因為「沒有人發表看法」，所以錯誤地認為團隊已經取得了一致意見。在開始進行一個計劃前，你必須瞭解團隊是支持——「行」，還是不支持——「不行」。

2.對於一個團隊來說，上下級之間的資訊溝通是非常必要的，所以對於那些團隊的領導者來說，這個方法能夠有效地使他們獲得成員們的細小的或明顯的暗示，瞭解團隊成員對於某一議題進程的反應，是非常有用的。

 遊戲討論：

1.「意見一致」的含義是什麼？

2.瞭解別人的想法與感受有多重要？

3.在徵求這些資訊方面我們有什麼責任？在根據這些資訊開展行動方面，我們有什麼責任？

跳蚤效應

「跳蚤效應」來源於一個有趣的實驗：生物學家曾經將跳蚤隨意向地上一拋，它能從地面上跳起一米多高。但是如果在半米高的地方加個蓋子，這時跳蚤跳起來會撞到蓋子。當跳蚤一再地撞到蓋子一段時間後，它學會跳得低些，不再撞到蓋子。拿掉蓋子之後會發現，雖然跳蚤繼續在跳，但已經不能跳到半米高以上了，直至生命結束都是如此。

為什麼原本跳的很高的跳蚤最後跳不過半米了呢？理由簡單，它們已經調節了自己跳的高度，而且適應了這種情況，不再改變。這就等於給自己的高度設了限，儘管那個蓋子已經不在了，但是對於跳蚤來說，這些蓋子已經深深地蓋在了它的心上，它也就不會想著如何去改變、突破了。於是社會心理學家

便將這種不知改變、突破的心理現象命名為「跳蚤效應」。

在嘲笑跳蚤愚蠢的時候，應該自我反省一下，在我們的工作當中，是不是也是一隻可憐的、時常給自己設限的「跳蚤」呢？面對困難的時候，我們總是告訴自己：「我解決不了這個困難」、「我能力不夠」、「我肯定會失敗的」……可是我們還沒有嘗試，為什麼就給自己設定「失敗」的結局呢？這是一種不自信的表現，而從工作態度上來說，這則是一種不敢承擔責任、不善於挑戰自我的表現。一旦我們陷入了「跳蚤效應」之中，我們能力就不能得到提高，技術就得不到完善。

101 瞭解每個人背景

遊戲主旨：

不同的人會有著不同的性格和特點,而這些特點也會在一定程度上影響集體任務的完成。下面這個遊戲就通過一個模仿的緊急會議,充分說明了這一點。

遊戲人數：7 人左右一組

遊戲時間：30 分鐘

遊戲材料：發放的人物描述清單，筆、紙等

遊戲場地：不限

 遊戲應用：

(1)培養學員的團隊合作意識和協調技巧

(2)加強對於管理技巧和領導藝術的培訓

 活動方法：

1.將學員分成 7 人左右一組。

2.培訓者向他們講述下述場景：

(1)時間是 20 世紀 80 年代的一天。你們是由一家非常有影響的、在行業中處於領先地位的公司的高級執行人員組成的團隊。

(2)你們都是為了參加一個緊急會議而乘坐這架飛機的。

(3)你們的任務是要撰寫一份要呈現給你們公司首席執行官的一份報告，報告將解釋為什麼你們公司的銷售量近期有所下降，並拿出方案解決它。

(4)給你們 20 分鐘的時間，你們必須拿出一個可信的解釋和可行的方案，你們可以搜集一切數據來支援自己的論斷。

3.發給每一個人一張人物角色描述卡，以及角色的說明標籤。要求每個人都向大家介紹一下你所扮演的角色，然後宣佈遊戲開始。

 遊戲總結：

1.人無完人，每個人總是既有優點，又有缺點。只有將大家結合成一個團體，揚長避短，互相彌補，才能使團隊發揮出比單個群體加起來大得多的作用。

2.真正的團隊應該是一個足夠開明，歡迎各種聲音的團隊，它有足夠大的胸懷，可以容忍一切不同的風格，並將其看成一種財富，

而不是拖累，這就需要領導者做好工作，協調好各方的關係，要知道一言堂是永遠不能進步的。

 遊戲討論：

1. 遊戲中所提及的性格組合在現實生活中可能存在嗎？這種組合和真實的情況是否一樣？

2. 你所扮演的角色的性格與你的真實性格是否相似？在討論中，雖然你在努力扮演你的角色，但你的真實性格是否會在裏面有所反映？

3. 在人物的性格有衝突的時候，各個團隊是如何處理衝突的？團隊的目標是否會在過程中有所改變？

4. 每一個人都會對團隊有一定的正面作用，同時有一定的負面作用，為了達到更好的目標，你是如何扮演自己的角色，使其發揮正面作用，避免負面作用的？

附件：人物描述清單

1. 社會名流

你乘坐協合式飛機參與了這次會議，你希望會議儘快結束，因為你想去購物。即便如此，你還是把這次討論作為一個很好的聯誼機會。你並不認為現在的市場計劃有什麼問題，你一貫認為，銷量下降的主要原因是因為打字機的打字鍵盤並不適合留著長指甲的婦女（畢竟大多數的打字工作都是由婦女來完成）。來吧，大家輕鬆一下，可以休會了吧？

2. 大善人

你認為如果大家能夠在這個問題上團結合作，尊重他人的看法會

獲得很大的成功。如果你認為氣氛不太正常，你就會站出來，勸大家不要傷和氣。你認為，打字機銷量下降的原因是因為人們認為打字機太複雜，沒有人性化。你認為新的市場計劃應該側重於使打字機能夠更為人性化。

3. 無所不知的人

你知道你是這群人中天然的領導者——這只取決於你那敏銳的第六感，你對幾乎各個方面都有著淵博的知識和睿智的見解。你非常確切地知道，打字機的銷量之所以下降是因為它——一打字就發出的雜音。事實上，你一直在建議公司注意這個問題，但那幫愚蠢的人始終不肯解決這一點，所以你現在已經建立了自己的低音鍵公司。當然你可以拿出一堆數據來說明這一點。

4. 我就是我

以自己的真實個性加入討論，可以自由發表自己的主張。

5. 被迫參加，考慮離開的人

你又因不得不參加這種沒有意義的討論，而感到有一些沮喪。大家如何決定都將與你毫無關係了，因為你剛剛接受了一份新的工作，是一個由幾個年輕人組成的一家電腦公司。實際上，本公司並沒有給與你所應該得到的東西，你做出了巨大的貢獻，但他們卻什麼都沒給你。所以你決定在離開之前再提出一些比較明智的問題和有建設性的建議，好讓他們明白他們失去的是一個什麼樣的人才。

6. 思想家

你認為現在召開這個會議的時機還不成熟。為了進行富有成果的討論，大家還需要更多時間、更詳盡的數據。事實上，你認為應該組織一個由你為主的研究小組，對銷售量為何下降進行研究。你認為只有建立在大量數據的基礎上，一切討論才會有意義。你會經常打斷別

人的談話，以表達你的這個看法。

7. 最靦腆的人

完全是出於個人興趣，你經常閱讀行業的一些書籍、雜誌。但是由於害羞，你不敢與大家討論你的觀點，實際上如果沒有人鼓勵你發言的話，你會一直不說話。在你看來，應該是電腦的發明擠掉了打字機的市場，打字機將逐漸被淘汰。所以公司現在應該轉向生產鍵盤，而不是繼續生產打字機。當然如果有人問你，你才會說，並且一有人反對，你就會放棄這一點。

 小 故 事

亡羊補牢

有個農夫養了一圈羊。一天早上他準備出去放羊，發現少了一隻。原來羊圈破了個窟窿。夜間狼從窟窿裏鑽進來，把羊叼走了。鄰居勸告他說：「趕快把羊圈修一修，堵上那個窟窿吧！」他說：「羊已經丟了，還修羊圈幹什麼呢？」沒有接受鄰居的勸告。第二天早上，他準備出去放羊，到羊圈裏一看，發現又少了一隻羊。原來狼又從窟窿裏鑽進來，把羊叼走了。他很後悔，不該不接受鄰居的勸告，就趕快堵上那個窟窿，把羊圈修補得結結實實。從此，他的羊再也沒季被狼叼走。

羊丟了，把羊圈修補起來，剩下的羊就不會再丟。如果你不這樣做，那麼剩下的羊就可能全部丟失。修補羊圈並不是為了那只已經丟失的羊，而是為了這些剩下的羊。

這正如我們在一些錯誤面前要吸取教訓一樣，目的並不是為了改變錯誤的事實，而是為了下次不犯這樣的錯誤。

102 團隊平衡遊戲

遊戲主旨：

　　身體上的接觸是一個很奇怪的界限，打破它有助於人們破除相互幫助的矜持。本遊戲就可以幫助大家意識到這一點。

遊戲人數：4 人一組

遊戲時間：30 分鐘

遊戲材料：一個蹺蹺板

遊戲場地：空地

遊戲應用：

(1)幫助學員消除彼此之間的隔閡

(2)促進學員之間的溝通和團隊合作

活動方法：

　　1. 在平地上準備一個蹺蹺板。

　　2. 把所有的人分成兩組，每組大約有 4～6 人。

　　3. 兩組人分別一個一個地站到蹺蹺板上去，注意在其間一定要保持蹺蹺板的平衡。在遊戲中肯定有很多次會失去平衡，大家都摔下

去，沒有關係，站起來再重新開始，直到能夠保持平衡為止。

 遊戲總結：

1. 一個人玩蹺蹺板需要高水準的平衡性，但是多人一塊玩蹺蹺板的話，除了個人的平衡性之外，還需要大家緊緊地靠在一起，以保證受力點的集中，從而更容易保持平衡，所以本遊戲會消除大家身體接觸上的矜持，會讓大家的心理距離也貼近很多，但在有男有女時，本遊戲要慎用，否則反而容易弄巧成拙。

2. 本遊戲需要大家的相互信任，只有相互信任才能使大家消除彼此之間的隔閡，共同合作去完成任務。

 遊戲討論：

1. 當越來越多的學員站到蹺蹺板上面的時候，保持蹺蹺板中間箱子的平衡就越來越難了，此時大家的感覺是什麼？

2. 在行動之前，每個小組有沒有做什麼準備工作？

3. 遊戲結束之後，學員都有什麼感覺？是不是感覺比平時更加團結了？

小 故 事

裝滿的順序

　　教授在一個罐子裏放了很多鵝卵石，眼看著就要滿出來，教授問學生滿了麼？學生回答滿了。教授往裏面放了一些碎石子，再問，學生又說滿了。教授又往裏面倒了些沙子，學生又說滿了。最後教授又往裏面倒了很多水，直到溢出。隨後，教授問學生，從中學到了什麼道理，學生說，不要輕易說滿。教授笑了笑說：「你們說得有道理，不過我想告訴大家的是，你只有先把大的鵝卵石放進去，再放小石子，最後才能放沙子和水，一旦次序顛倒就不行了。」

　　要想在一個大罐子裏放下更多的東西，就必須講究放的順序，只有先把大的放進去，才能隨後放進去小的，然後更小的，最後才能放水，一旦次序顛倒，就不可能放這麼多的東西。這個故事告訴我們一個道理：我們在工作時，面對形形色色的事情，我們要懂得先把那些重要的、緊急的事情先做完，然後再做那些不重要、不緊急的事情，這樣我們才不會耽誤事情，才能提高自己的工作效率。

臺灣的核心競爭力, 就在這裏!

圖書出版目錄

　　憲業企管顧問（集團）公司為企業界提供診斷、輔導、培訓等專項工作。下列圖書是由臺灣的憲業企管顧問（集團）公司所出版，自 1993 年秉持專業立場，特別注重實務應用，50 餘位顧問師為企業界提供最專業的經營管理類圖書。

　　選購企管書，敬請認明品牌 ：憲 業 企 管 公 司 。

1.傳播書香社會，直接向本出版社購買，一律 9 折優惠，郵遞費用由本公司負擔。服務電話(02)27622241　(03)9310960　　傳真(03)9310961

2.付款方式：請將書款轉帳到我公司下列的銀行帳戶。

　・銀行名稱：合作金庫銀行（敦南分行）　帳號：5034-717-347447
　　公司名稱：憲業企管顧問有限公司

　・郵局劃撥號碼：18410591　郵局劃撥戶名：憲業企管顧問公司

3.圖書出版資料每週隨時更新，請見網站 www.bookstore99.com

經營顧問叢書

25	王永慶的經營管理	360 元	122	熱愛工作	360 元
47	營業部門推銷技巧	390 元	125	部門經營計劃工作	360 元
52	堅持一定成功	360 元	129	邁克爾・波特的戰略智慧	360 元
56	對準目標	360 元	130	如何制定企業經營戰略	360 元
60	寶潔品牌操作手冊	360 元	135	成敗關鍵的談判技巧	360 元
72	傳銷致富	360 元	137	生產部門、行銷部門績效考核手冊	360 元
78	財務經理手冊	360 元			
79	財務診斷技巧	360 元	139	行銷機能診斷	360 元
86	企劃管理制度化	360 元	140	企業如何節流	360 元
91	汽車販賣技巧大公開	360 元	141	責任	360 元
97	企業收款管理	360 元	142	企業接棒人	360 元
100	幹部決定執行力	360 元	144	企業的外包操作管理	360 元

146	主管階層績效考核手冊	360 元
147	六步打造績效考核體系	360 元
148	六步打造培訓體系	360 元
149	展覽會行銷技巧	360 元
150	企業流程管理技巧	360 元
152	向西點軍校學管理	360 元
154	領導你的成功團隊	360 元
155	頂尖傳銷術	360 元
160	各部門編制預算工作	360 元
163	只為成功找方法，不為失敗找藉口	360 元
167	網路商店管理手冊	360 元
168	生氣不如爭氣	360 元
170	模仿就能成功	350 元
176	每天進步一點點	350 元
181	速度是贏利關鍵	360 元
183	如何識別人才	360 元
184	找方法解決問題	360 元
185	不景氣時期，如何降低成本	360 元
186	營業管理疑難雜症與對策	360 元
187	廠商掌握零售賣場的竅門	360 元
188	推銷之神傳世技巧	360 元
189	企業經營案例解析	360 元
191	豐田汽車管理模式	360 元
192	企業執行力（技巧篇）	360 元
193	領導魅力	360 元
198	銷售說服技巧	360 元
199	促銷工具疑難雜症與對策	360 元
200	如何推動目標管理(第三版)	390 元
201	網路行銷技巧	360 元
204	客戶服務部工作流程	360 元
206	如何鞏固客戶（增訂二版）	360 元
208	經濟大崩潰	360 元
215	行銷計劃書的撰寫與執行	360 元
216	內部控制實務與案例	360 元
217	透視財務分析內幕	360 元
219	總經理如何管理公司	360 元
222	確保新產品銷售成功	360 元
223	品牌成功關鍵步驟	360 元
224	客戶服務部門績效量化指標	360 元

226	商業網站成功密碼	360 元
228	經營分析	360 元
229	產品經理手冊	360 元
230	診斷改善你的企業	360 元
232	電子郵件成功技巧	360 元
234	銷售通路管理實務〈增訂二版〉	360 元
235	求職面試一定成功	360 元
236	客戶管理操作實務〈增訂二版〉	360 元
237	總經理如何領導成功團隊	360 元
238	總經理如何熟悉財務控制	360 元
239	總經理如何靈活調動資金	360 元
240	有趣的生活經濟學	360 元
241	業務員經營轄區市場（增訂二版）	360 元
242	搜索引擎行銷	360 元
243	如何推動利潤中心制度（增訂二版）	360 元
244	經營智慧	360 元
245	企業危機應對實戰技巧	360 元
246	行銷總監工作指引	360 元
247	行銷總監實戰案例	360 元
248	企業戰略執行手冊	360 元
249	大客戶搖錢樹	360 元
250	企業經營計劃〈增訂二版〉	360 元
252	營業管理實務（增訂二版）	360 元
253	銷售部門績效考核量化指標	360 元
254	員工招聘操作手冊	360 元
256	有效溝通技巧	360 元
258	如何處理員工離職問題	360 元
259	提高工作效率	360 元
261	員工招聘性向測試方法	360 元
262	解決問題	360 元
263	微利時代制勝法寶	360 元
264	如何拿到VC（風險投資）的錢	360 元
267	促銷管理實務〈增訂五版〉	360 元
268	顧客情報管理技巧	360 元
269	如何改善企業組織績效〈增訂二版〉	360 元

270	低調才是大智慧	360 元
272	主管必備的授權技巧	360 元
275	主管如何激勵部屬	360 元
276	輕鬆擁有幽默口才	360 元
278	面試主考官工作實務	360 元
279	總經理重點工作（增訂二版）	360 元
282	如何提高市場佔有率（增訂二版）	360 元
283	財務部流程規範化管理（增訂二版）	360 元
284	時間管理手冊	360 元
285	人事經理操作手冊（增訂二版）	360 元
286	贏得競爭優勢的模仿戰略	360 元
287	電話推銷培訓教材（增訂三版）	360 元
288	贏在細節管理（增訂二版）	360 元
289	企業識別系統 CIS（增訂二版）	360 元
290	部門主管手冊（增訂五版）	360 元
291	財務查帳技巧（增訂二版）	360 元
292	商業簡報技巧	360 元
293	業務員疑難雜症與對策（增訂二版）	360 元
295	哈佛領導力課程	360 元
296	如何診斷企業財務狀況	360 元
297	營業部轄區管理規範工具書	360 元
298	售後服務手冊	360 元
299	業績倍增的銷售技巧	400 元
300	行政部流程規範化管理（增訂二版）	400 元
302	行銷部流程規範化管理（增訂二版）	400 元
304	生產部流程規範化管理（增訂二版）	400 元
305	績效考核手冊(增訂二版)	400 元
307	招聘作業規範手冊	420 元
308	喬·吉拉德銷售智慧	400 元
309	商品鋪貨規範工具書	400 元
310	企業併購案例精華（增訂二版）	420 元

311	客戶抱怨手冊	400 元
312	如何撰寫職位說明書（增訂二版）	400 元
313	總務部門重點工作（增訂三版）	400 元
314	客戶拒絕就是銷售成功的開始	400 元
315	如何選人、育人、用人、留人、辭人	400 元
316	危機管理案例精華	400 元
317	節約的都是利潤	400 元
318	企業盈利模式	400 元
319	應收帳款的管理與催收	420 元
320	總經理手冊	420 元
321	新產品銷售一定成功	420 元
322	銷售獎勵辦法	420 元
323	財務主管工作手冊	420 元
324	降低人力成本	420 元
325	企業如何制度化	420 元
326	終端零售店管理手冊	420 元
327	客戶管理應用技巧	420 元
328	如何撰寫商業計畫書（增訂二版）	420 元
329	利潤中心制度運作技巧	420 元
330	企業要注重現金流	420 元
331	經銷商管理實務	450 元
332	內部控制規範手冊（增訂二版）	420 元
333	人力資源部流程規範化管理（增訂五版）	420 元
334	各部門年度計劃工作（增訂三版）	420 元
335	人力資源部官司案件大公開	420 元

《商店叢書》

18	店員推銷技巧	360 元
30	特許連鎖業經營技巧	360 元
35	商店標準操作流程	360 元
36	商店導購口才專業培訓	360 元
37	速食店操作手冊〈增訂二版〉	360 元

38	網路商店創業手冊〈增訂二版〉	360元
40	商店診斷實務	360元
41	店鋪商品管理手冊	360元
42	店員操作手冊（增訂三版）	360元
44	店長如何提升業績〈增訂二版〉	360元
45	向肯德基學習連鎖經營〈增訂二版〉	360元
47	賣場如何經營會員制俱樂部	360元
48	賣場銷量神奇交叉分析	360元
49	商場促銷法寶	360元
53	餐飲業工作規範	360元
54	有效的店員銷售技巧	360元
55	如何開創連鎖體系〈增訂三版〉	360元
56	開一家穩賺不賠的網路商店	360元
57	連鎖業開店複製流程	360元
58	商鋪業績提升技巧	360元
59	店員工作規範（增訂二版）	400元
61	架設強大的連鎖總部	400元
62	餐飲業經營技巧	400元
64	賣場管理督導手冊	420元
65	連鎖店督導師手冊（增訂二版）	420元
67	店長數據化管理技巧	420元
68	開店創業手冊〈增訂四版〉	420元
69	連鎖業商品開發與物流配送	420元
70	連鎖業加盟招商與培訓作法	420元
71	金牌店員內部培訓手冊	420元
72	如何撰寫連鎖業營運手冊〈增訂三版〉	420元
73	店長操作手冊（增訂七版）	420元
74	連鎖企業如何取得投資公司注入資金	420元
75	特許連鎖業加盟合約（增訂二版）	420元
76	實體商店如何提昇業績	420元
77	連鎖店操作手冊（增訂六版）	420元

《工廠叢書》

15	工廠設備維護手冊	380元
16	品管圈活動指南	380元
17	品管圈推動實務	380元
20	如何推動提案制度	380元
24	六西格瑪管理手冊	380元
30	生產績效診斷與評估	380元
32	如何藉助 IE 提升業績	380元
38	目視管理操作技巧（增訂二版）	380元
46	降低生產成本	380元
47	物流配送績效管理	380元
51	透視流程改善技巧	380元
55	企業標準化的創建與推動	380元
56	精細化生產管理	380元
57	品質管制手法〈增訂二版〉	380元
58	如何改善生產績效〈增訂二版〉	380元
68	打造一流的生產作業廠區	380元
70	如何控制不良品〈增訂二版〉	380元
71	全面消除生產浪費	380元
72	現場工程改善應用手冊	380元
77	確保新產品開發成功（增訂四版）	380元
79	6S 管理運作技巧	380元
84	供應商管理手冊	380元
85	採購管理工作細則〈增訂二版〉	380元
88	豐田現場管理技巧	380元
89	生產現場管理實戰案例〈增訂三版〉	380元
92	生產主管操作手冊(增訂五版)	420元
93	機器設備維護管理工具書	420元
94	如何解決工廠問題	420元
96	生產訂單運作方式與變更管理	420元
97	商品管理流程控制(增訂四版)	420元
101	如何預防採購舞弊	420元
102	生產主管工作技巧	420元
103	工廠管理標準作業流程〈增訂三版〉	420元

104	採購談判與議價技巧〈增訂三版〉	420 元
105	生產計劃的規劃與執行（增訂二版）	420 元
106	採購管理實務〈增訂七版〉	420 元
107	如何推動 5S 管理（增訂六版）	420 元
108	物料管理控制實務〈增訂三版〉	420 元
109	部門績效考核的量化管理（增訂七版）	420 元
110	如何管理倉庫〈增訂九版〉	420 元
111	品管部操作規範	420 元

《醫學保健叢書》

1	9 週加強免疫能力	320 元
3	如何克服失眠	320 元
4	美麗肌膚有妙方	320 元
5	減肥瘦身一定成功	360 元
6	輕鬆懷孕手冊	360 元
7	育兒保健手冊	360 元
8	輕鬆坐月子	360 元
11	排毒養生方法	360 元
13	排除體內毒素	360 元
14	排除便秘困擾	360 元
15	維生素保健全書	360 元
16	腎臟病患者的治療與保健	360 元
17	肝病患者的治療與保健	360 元
18	糖尿病患者的治療與保健	360 元
19	高血壓患者的治療與保健	360 元
22	給老爸老媽的保健全書	360 元
23	如何降低高血壓	360 元
24	如何治療糖尿病	360 元
25	如何降低膽固醇	360 元
26	人體器官使用說明書	360 元
27	這樣喝水最健康	360 元
28	輕鬆排毒方法	360 元
29	中醫養生手冊	360 元
30	孕婦手冊	360 元
31	育兒手冊	360 元
32	幾千年的中醫養生方法	360 元
34	糖尿病治療全書	360 元

35	活到 120 歲的飲食方法	360 元
36	7 天克服便秘	360 元
37	為長壽做準備	360 元
39	拒絕三高有方法	360 元
40	一定要懷孕	360 元
41	提高免疫力可抵抗癌症	360 元
42	生男生女有技巧〈增訂三版〉	360 元

《培訓叢書》

11	培訓師的現場培訓技巧	360 元
12	培訓師的演講技巧	360 元
15	戶外培訓活動實施技巧	360 元
17	針對部門主管的培訓遊戲	360 元
21	培訓部門經理操作手冊（增訂三版）	360 元
23	培訓部門流程規範化管理	360 元
24	領導技巧培訓遊戲	360 元
26	提升服務品質培訓遊戲	360 元
27	執行能力培訓遊戲	360 元
28	企業如何培訓內部講師	360 元
29	培訓師手冊（增訂五版）	420 元
31	激勵員工培訓遊戲	420 元
32	企業培訓活動的破冰遊戲（增訂二版）	420 元
33	解決問題能力培訓遊戲	420 元
34	情商管理培訓遊戲	420 元
35	企業培訓遊戲大全(增訂四版)	420 元
36	銷售部門培訓遊戲綜合本	420 元
37	溝通能力培訓遊戲	420 元
38	如何建立內部培訓體系	420 元
39	團隊合作培訓遊戲(增訂四版)	420 元

《傳銷叢書》

4	傳銷致富	360 元
5	傳銷培訓課程	360 元
10	頂尖傳銷術	360 元
12	現在輪到你成功	350 元
13	鑽石傳銷商培訓手冊	350 元
14	傳銷皇帝的激勵技巧	360 元
15	傳銷皇帝的溝通技巧	360 元
19	傳銷分享會運作範例	360 元
20	傳銷成功技巧（增訂五版）	400 元

21	傳銷領袖（增訂二版）	400 元
22	傳銷話術	400 元
23	如何傳銷邀約	400 元

《幼兒培育叢書》

1	如何培育傑出子女	360 元
2	培育財富子女	360 元
3	如何激發孩子的學習潛能	360 元
4	鼓勵孩子	360 元
5	別溺愛孩子	360 元
6	孩子考第一名	360 元
7	父母要如何與孩子溝通	360 元
8	父母要如何培養孩子的好習慣	360 元
9	父母要如何激發孩子學習潛能	360 元
10	如何讓孩子變得堅強自信	360 元

《成功叢書》

1	猶太富翁經商智慧	360 元
2	致富鑽石法則	360 元
3	發現財富密碼	360 元

《企業傳記叢書》

1	零售巨人沃爾瑪	360 元
2	大型企業失敗啟示錄	360 元
3	企業併購始祖洛克菲勒	360 元
4	透視戴爾經營技巧	360 元
5	亞馬遜網路書店傳奇	360 元
6	動物智慧的企業競爭啟示	320 元
7	CEO 拯救企業	360 元
8	世界首富　宜家王國	360 元
9	航空巨人波音傳奇	360 元
10	傳媒併購大亨	360 元

《智慧叢書》

1	禪的智慧	360 元
2	生活禪	360 元
3	易經的智慧	360 元
4	禪的管理大智慧	360 元
5	改變命運的人生智慧	360 元
6	如何吸取中庸智慧	360 元
7	如何吸取老子智慧	360 元
8	如何吸取易經智慧	360 元
9	經濟大崩潰	360 元
10	有趣的生活經濟學	360 元

11	低調才是大智慧	360 元

《DIY 叢書》

1	居家節約竅門 DIY	360 元
2	愛護汽車 DIY	360 元
3	現代居家風水 DIY	360 元
4	居家收納整理 DIY	360 元
5	廚房竅門 DIY	360 元
6	家庭裝修 DIY	360 元
7	省油大作戰	360 元

《財務管理叢書》

1	如何編制部門年度預算	360 元
2	財務查帳技巧	360 元
3	財務經理手冊	360 元
4	財務診斷技巧	360 元
5	內部控制實務	360 元
6	財務管理制度化	360 元
8	財務部流程規範化管理	360 元
9	如何推動利潤中心制度	360 元

為方便讀者選購，本公司將一部分上述圖書又加以專門分類如下：

《主管叢書》

1	部門主管手冊（增訂五版）	360 元
2	總經理手冊	420 元
4	生產主管操作手冊（增訂五版）	420 元
5	店長操作手冊（增訂六版）	420 元
6	財務經理手冊	360 元
7	人事經理操作手冊	360 元
8	行銷總監工作指引	360 元
9	行銷總監實戰案例	360 元

《總經理叢書》

1	總經理如何經營公司(增訂二版)	360 元
2	總經理如何管理公司	360 元
3	總經理如何領導成功團隊	360 元
4	總經理如何熟悉財務控制	360 元
5	總經理如何靈活調動資金	360 元
6	總經理手冊	420 元

《人事管理叢書》

1	人事經理操作手冊	360 元
2	員工招聘操作手冊	360 元

3	員工招聘性向測試方法	360 元
5	總務部門重點工作（增訂三版）	400 元
6	如何識別人才	360 元
7	如何處理員工離職問題	360 元
8	人力資源部流程規範化管理（增訂四版）	420 元
9	面試主考官工作實務	360 元
10	主管如何激勵部屬	360 元
11	主管必備的授權技巧	360 元
12	部門主管手冊（增訂五版）	360 元

《理財叢書》

1	巴菲特股票投資忠告	360 元
2	受益一生的投資理財	360 元
3	終身理財計劃	360 元
4	如何投資黃金	360 元
5	巴菲特投資必贏技巧	360 元
6	投資基金賺錢方法	360 元

7	索羅斯的基金投資必贏忠告	360 元
8	巴菲特為何投資比亞迪	360 元

《網路行銷叢書》

1	網路商店創業手冊〈增訂二版〉	360 元
2	網路商店管理手冊	360 元
3	網路行銷技巧	360 元
4	商業網站成功密碼	360 元
5	電子郵件成功技巧	360 元
6	搜索引擎行銷	360 元

《企業計劃叢書》

1	企業經營計劃〈增訂二版〉	360 元
2	各部門年度計劃工作	360 元
3	各部門編制預算工作	360 元
4	經營分析	360 元
5	企業戰略執行手冊	360 元

請保留此圖書目錄：

　　未來在長遠的工作上，此圖書目錄

可能會對您有幫助！！

在海外出差的⋯⋯⋯⋯
台 灣 上 班 族

愈來愈多的台灣上班族,到大陸工作(或出差),對工作的努力與敬業,是台灣上班族的核心競爭力;一個

明顯的例子,返台休假期間,台灣上班族都會抽空再買書,設法充實自身專業能力。

[憲業企管顧問公司]以專業立場,為企業界提供最專業的各種經營管理類圖書。

85%的台灣上班族都曾經有過購買(或閱讀)[憲業企管顧問公司]所出版的各種企管圖書。

尤其是在競爭激烈或經濟不景氣時,更要加強投資在自己的專業能力,建議你:

工作之餘要多看書,加強競爭力。

建立企業圖書館

當市場競爭激烈時：

培訓員工，強化員工競爭力
是企業最佳對策

「人才」是企業最大的財富。如何提升人才，是企業永續經營、戰勝對手的核心競爭力。積極培訓公司內部員工，是經濟不景氣時期的最佳戰略，而最快速的具體作法，就是「建立企業內部圖書館，鼓勵員工多閱讀、多進修專業書籍」

建議您：請一次購足本公司所出版各種經營管理類圖書，作為貴公司內部員工培訓圖書。使用率高的（例如「贏在細節管理」），準備 3 本；使用率低的（例如「工廠設備維護手冊」），只買 1 本。

給 總 經 理 的 話

　　總經理公事繁忙，還要設法擠出時間，赴外上課進修學習，努力不懈，力爭上游。

　　總經理拚命充電，但是員工呢？

　　公司的執行仍然要靠員工，為什麼不要讓員工一起進修學習呢？

　　買幾本好書，交待員工一起讀書，或是買好書送給員工當禮品。簡單、立刻可行，多好的事！

培訓叢書 ㊴　　　　　　　　　售價：420 元

團隊合作培訓遊戲（增訂四版）

西元二〇一九年十月	增訂四版一刷
西元二〇一七年九月	三版二刷
西元二〇一四年十二月	三版一刷
西元二〇〇九年七月	二版
西元二〇〇六年二月	初版

編著：任賢旺

策劃：麥可國際出版有限公司（新加坡）

編輯：蕭玲

校對：劉飛娟

發行人：黃憲仁

發行所：憲業企管顧問有限公司

電話：(02) 2762-2241 　 (03) 9310960 　 0930872873

電子郵件聯絡信箱：huang2838@yahoo.com.tw

銀行 ATM 轉帳：合作金庫銀行 　 帳號：5034-717-347447

郵政劃撥：18410591 　 憲業企管顧問有限公司

江祖平律師顧問：紙品書、數位書著作權與版權均歸本公司所有

登記證：行政業新聞局版台業字第 6380 號

本公司徵求海外版權出版代理商 （0930872873）

本圖書是由憲業企管顧問（集團）公司所出版，以專業立場，為企業界提供最專業的各種經營管理類圖書。

圖書編號 ISBN：978-986-369-086-3